第一部　ナマズからみた文化の多様性　鼎談「ナマズの魅力」(本文15～45頁)

大津絵の瓢箪鯰
(大津市歴史博物館 保管)

鯰絵「鯰を押さえる鹿島大明神」
(埼玉県立博物館 蔵)

「瓢鮎図（部分）」(退蔵院 蔵)

「文化のなかのナマズ―メコンとニューギニアの事例から―」（本文73～85頁）

（左）タイ北部、メコン河でのプラー・ブックの流し刺網漁
（秋道智彌 撮影、以下本頁の写真すべて）

（上）パプアニューギニア西部、レーク・マレーのウスコフ村。網にかかったナマズ（手前と奥）とナーサリー・フィッシュ（右下と中央）
（左）ハスの葉にサゴヤシ・デンプンとナマズの中落ちを入れて焼いた「春巻」

降雨後に上ってきたが、田んぼに入れずに小溝にたまった多数のナマズ親魚
（前畑政善 撮影、以下本頁の写真すべて）

ナマズの産卵行動
（右）雄が雌を追いかける
（下左）巻きつく
（下右）雄が雌の体から離れる

（左）水田にばらまかれたナマズの卵。表面に泥がついて発見されにくくなっている
（右）水田で育つナマズの幼魚

第二部　田んぼとナマズ、そして人　「水田漁撈は消滅したか？」（本文136～153頁）

（左）昭和30年頃の滋賀県守山市木浜の港桟橋（木浜自治会蔵、撮影者不詳）
（下右）守山市木浜のホリと田舟（昭和33年12月、北村孝 撮影）
（下左）同地（平成14年現在、牧野厚史 撮影）

第二部　田んぼとナマズ、そして人　「漁・食・祭」（本文122～135頁）

（左）滋賀県栗東市大橋の三輪神社大祭
（上）奉納された後、境内でふるまわれるドジョウズシ。ナマズもいっしょに漬けこまれている（2000年５月３日、水上二巳夫 撮影）

淡海文庫26

鯰《なまず》

—魚と文化の多様性—

滋賀県立琵琶湖博物館 編

はじめに

琵琶湖にかつてあれほどいた魚が姿を消してしまったのはどうしてだろうか?
水辺から魚捕りをする子どもの姿が消えてしまったのはどうしてだろうか?
それは一体いつのころからそうなったのであろうか?
また、どうしてそうなったのであろうか?

琵琶湖のまわりに人々が住み着いたのは、今からずいぶん昔のことです。以来、人びとは琵琶湖とそのまわりの環境を利用しながらさまざまな生き物を礎として湖国独自の文化を築いてきました。琵琶湖の自然と人々の暮らしは渾然一体のもの―このことを私たちは一九九六年に滋賀県で開催された世界古代湖会議において〝生命文化複合体〟という言葉で象徴的に表現し、湖の生物の多様性と文化の多様性は、お互い相照らしつつ歴史的過程の中で形成されるものであることを指摘しました。そして、今、私たちがやるべきことは、琵琶湖のような古代湖とそれにかかわる文化、および生き物の健全な状態を保ち続けることであることが認識され、そのための幾つかの提言がなされました。

しかしながら、振り返ってみるに、琵琶湖のまわりに住む人びとの暮らしの有り様（文化）と自然（生物）の関わりについてはあまり知られているとは言えません。

私ども琵琶湖博物館は、〝湖と人間〟の関わりをテーマとする施設であり、開館以来、—そのすべてを網羅できているわけではありませんが—湖と人びとの関わりに関する研究を行い、その成果を公表してきました。当館では、そうした研究成果を公表する場として例年企画展示を開催しています。二〇〇一年には〝田んぼ〟と琵琶湖の〝魚〟の関係の一端をつまびらかにしようとの意図から企画展示〝鯰《なまず》—魚がむすぶ琵琶湖と田んぼ—〟を開催しました。この企画展は、人がもっとも手を加えてきた二次的自然である〝田んぼ〟という場所の意味を魚と人間の双方から再評価しようとしたものです。展示では琵琶湖から産卵のために人びとの生産の場である田んぼへ上ってくるナマズという魚を素材として、〈地震＝ナマズ〉に代表されるこの魚のイメージの歴史をたどり、またその生態をも紹介しました。その上でこの数十年間に生じた琵琶湖の水辺環境（ここでは、特に田んぼ）の急激な変化が琵琶湖の魚と湖辺にすむ人びとの生活や文化にどのような影響を与えたのかを県民の皆さんとふりかえってみようと試みました。

本書は、この企画展の総まとめとして同年一〇月に琵琶湖博物館ホールで開催されたシンポジウム「魚がむすぶ琵琶湖と田んぼ」においてなされた鼎談、講演、討論などをもとに、これに関連した数編の論考を加えて一冊の本にしたものです。

本書は一見寄せ集めのようにみえるかもしれませんが、それを超えるものと私たちは自負しております。なぜなら、本書は研究者と住民、あるいは自然科学と人文社会科学の分野の垣根を取り払い、各分野の統合化を図ることによって琵琶湖をとりまく水辺環境の今後の有り様をさぐろうとする志を持つからです。本書は琵琶湖を基点として水辺環境の今後を論述したものではありますが、水辺環境は現在、日本各地で、また世界最大の稲作地帯であるアジアモンスーン地域で大きく変貌を遂げている中、いくつかの共通した課題を提示していると私たちは確信しています。

今日、過去に失われた水辺環境の復活と私たち自身の生活を見直す動きが国内各地で芽生えつつあります。そんな中、本書が水辺環境の今後の望ましいあり方について考えるためのひとつの材料ともなれば幸いです。

最後になりますが、本書の出版にあたっては多くの個人や団体のお世話になりました。また、特に本書の出版元であるサンライズ出版の岩根順子さん、岸田幸治さんには、私たちの遅筆も手伝ってなにかとお世話をおかけしました。ここに記して深謝する次第です。

二〇〇三年三月一日

シンポジウム「魚がむすぶ琵琶湖と田んぼ」実行委員会一同

目次

第二部　田んぼとナマズ、そして人

第一部　ナマズからみた文化の多様性

鼎談　鯰（ナマズ）の魅力

秋篠宮　文　仁　（社）日本動物園水族館協会
秋　道　智　彌　（国立民族学博物館）
川那部　浩　哉　（滋賀県立琵琶湖博物館）

秋道　本日は開館五周年おめでとうございます。思い返せば五年前にこの壇上で、開館記念のディスカッションがございました。

秋篠宮　私もパネラーとして参加させていただきまして、タイのお魚の捕獲儀礼の話をさせていただきました。

秋道　そのときは川那部さんが問題提起をなさいました。

川那部　そうでしたね。

秋道　もう五年経ちましたが、この博物館を久々にご覧になっていかがでしょうか。

秋篠宮　今日は企画展だけで、常設展を拝見しませんでした。

写真１　琵琶湖産のナマズ類３種。ナマズ（上）、イワトコナマズ（中）、ビワコオオナマズ（下）

秋道　さきほど安室さんから貴重な映像を観せていただきましたが、殿下は、なれ鮨のほうはいかがでございましょうか。

秋篠宮　好きでもなく嫌いでもなくですが、なれ鮨のような乳酸発酵のものよりも魚醤のような東南アジア全般にある塩辛系のほうが好きですね。

秋道　ニョクマムとかナンプラーとかですね。川那部さんはいかがですか、なれ鮨は。

川那部　大好きです。今年五月には、生まれて初めてドジョウ鮨、実はナマズも一緒に漬けたお祭用の鮨なんですが、それを食べさせていただきました。

秋道　そのナマズのお話ということで、早速ですが川那部さん、琵琶湖にはナマズは何種類いますでしょうか。

川那部　写真にもあるように三種類です（写真１）。ナマズ、イワトコナマズ、ビワコオオナマズという三種のナマズが琵琶湖にいることは、少なくとも江戸中期から判っていました。漁師さんはもとより、近くに住んでいらした方はみなさんご存じだったようです。

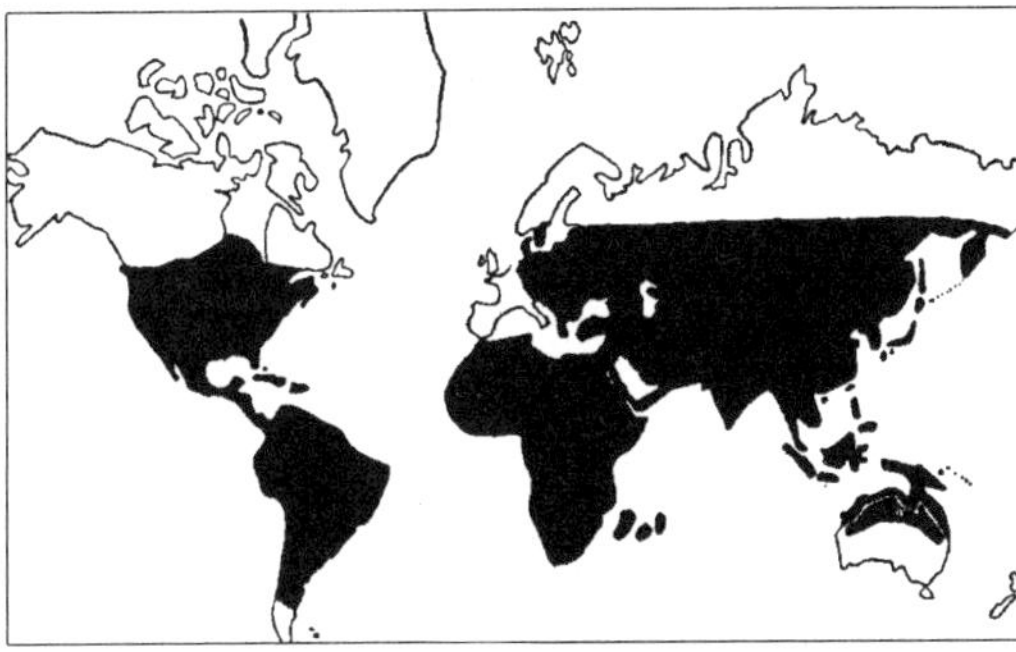

図１　ナマズ目の分布（小早川 原図）

そもそも味が全く違い、したがって値段も違いますから。一九世紀初頭の『湖魚考』や『湖中産物図証』にもちゃんと出ているんです。しかし、近代生物学の上できっちり名前が付いたのはうんと新しくて、ちょうど四〇年前の一九六一年、今も湖西に住んでおられる友田淑郎さんが命名したのです。

イワトコナマズとビワコオオナマズは、琵琶湖（と余呉湖）だけに棲んでいます。それに対してナマズは広く分布していて、アジア各地にも棲んでいます。まぁ、このあたりのことは、小早川さんが明日、詳しく話をしてくださいます。

秋道　それと、ナマズの分布の時代的な変化も明日、話が出ると思います。琵琶湖では三種類なんですが、ナマズは世界的に見ても非常におもしろいということを、みなさまこの機会にぜひ知っていただきたいと思います。

明日ご発表になる小早川さんのレジュメをお借りしたのですが、図の黒いところがナマズ目（Siluriformes）の分布です（図１）。ナマズは世界中の中緯度から低緯度にかけて広く分布しているわけで

秋篠宮文仁殿下

す。殿下もこれまで、世界各地でナマズをご覧になったことと思いますが、いかがでしょうか。

秋篠宮　今までに見たのは、おそらく一〇〇種類くらいだと思います。

秋道　世界中ではだいたい二四〇〇種類、確認されているものだけですが。大きさでみても、かなり違う。

秋篠宮　私が実際に見たもので、一番大きかったものがパリの自然史博物館に所蔵されているヨーロッパナマズの剥製で約三・五メートルありました。

秋道　小さいほうはいかがですか。

川那部　生きているのを見たことはないんですが、今回の企画展示場には、二センチたらずのものが陳列されています。

秋道　形も大きさもずいぶん違うということですが、二四〇〇種類のかなりの部分は中南米産です。しかしそれ以外にも、アジアとアフリカ産とか、アジアだけに産するものとか、琵琶湖だけのものとか、いろいろございますね。そこいらへんにナマズのおもしろさがあろうかと思います。つまり、ナマズはたいへん多様性に富んだ

写真２　捕獲されたプラー・ブック（河本新 撮影）

生きものなのです。

プラー・ブック：メコン河のオオナマズ

秋道　さきほど安室さんも指摘された、ナマズと人間との関わり合いが大切ということで、殿下は東南アジアのタイで、最大体長が三・五メートルくらいの大きさのナマズについていろいろとご研究されておられます。

秋篠宮　これは私が撮った写真ではありませんが、開館記念のシンポジウムのときにも話をさせていただき、ときおり新聞や雑誌などで紹介されるタイのプラー・ブックというナマズの仲間でございます（写真２）。少しお魚自体の話からはずれますが、今年の八月に、台風十一号が来ましたね。その名前がまさにタイ語でプラー・ブック。ラオス語の名前をとってパ・ブークという台風でした。

秋道　関東と東海地方がずいぶん被害に遭った、あの台風がナマズとどういう関係があるのかよく分からないのですが。

秋篠宮　そうですね。新聞ではただ単に「大きい魚の意味」と書いてあるんですが、実際にはこのお魚のことを指しているものだと思います。やはり、シンボル的存在なのでしょう。

秋道　プラー・ブックの意味について、もう少しご説明をお願いいたします。

秋篠宮　タイ語でプラー・ブックのプラーは「魚」で、ブックは「大きい」とかの意味があります。

秋道　タイ語で「大きな魚」という名前の魚。体重はどのくらいでしょうか?

秋篠宮　二五〇キロから三〇〇キロぐらいになるのではないでしょうか。

秋道　一九九六年に殿下がタイへ調査に行かれました。そのことについてご紹介いただけますでしょうか。

秋篠宮　秋道さんもご一緒でしたが、私たちがまいりましたのは、メコン河をはさんでタイ側のチエンラーイ県チエンコーン郡にあるハートクライという村です。そこでプラー・ブックの捕獲儀礼をおこなっております。その儀礼は、現在かなり観光化されており、儀

秋道智彌氏

礼がおこなわれている場所には、数千人ぐらいが入るスペースがあります。捕獲儀礼自体はもちろん神事なのですが、おもしろいことに村おこし的な要素を持っておりまして、観光の目玉の一つにもなっております。そして観客は、それを昔からの儀礼だと思って観ているわけですが、実際には儀礼の行われる前日に村人だけで、すぐ近くの高い草に囲まれた場所で、本来の儀礼がひっそりと行われております。主に精霊との交信をする行事です。

秋道　さきほど、神様へ供えるためのなれ鮨の例がございましたが、ここでは大漁を祈願するのに、精霊、ピーと言いますけれども、ピーのために儀礼が行われているわけです。ただ、問題なのはプラー・ブックの個体数がいま減っているようですが。

秋篠宮　そうですね。個体数が減っていることは間違いないと思います。

秋道　原因は何でしょうか。

秋篠宮　原因としては、もちろん乱獲や棲息環境のことはあると思いますが、いかんせん生態が分かっておりませんので、何とも申しようがありません。

ただ、以前は獲ったもののほとんどがレストランなどに売られて食用にされていたわけですが、確か一九九六年からだったと思いますけれども、捕獲した個体を河に放生する、そういうことが行われるようになっております。それは個体が減ることを防ぐための、ひとつの手段として行われていると聞いております。

秋道　放流を決断したのは、政府のような環境政策を考える人なのか、あるいは地元の人か、どちらでしょうか。

秋篠宮　両方あると思います。少し具体的に申せば、一九九六年はタイ国のプーミポン国王陛下のご即位五十年の年です。その祝賀行事の一環として、政府の水産局、プラー・ブック漁師クラブ、自然保護団体、そしてチエンコーン郡などが参加して「プラー・ブック種保存基金」が設立されました。そこが捕獲された個体の買い上げや放流などを行っております。

秋道　少し飛びますが、日本でナマズが絶滅に瀕する、そういうことはいまの段階では考えなくてよろしいんでしょうか。もう危ないという状況はないんでしょうか。

川那部　琵琶湖のナマズ類は基本的に、産卵のときには岸へやって来て、ナマズの場合には田んぼまで遡ってきます。その連絡が最近うまくいかないことが大問題です。しかしこのあたりは、前畑さんが話してくれるでしょう。

いちばん味の良いのはイワトコナマズですが、京都から比叡山へ登る手前の山端《やまばな》というところに「十一屋」さんというお店がありまず。以前はこのイワトコナマズを主に食べさせてくれたものですが、このごろはみんな普通のナマズ。しかも琵琶湖・京都付近で獲れたものではなくて、遠いところから運んできたものです。ですから、イワトコナマズが欲しいとなったら、琵琶湖の漁師さんに前もって頼んでおいて、獲れたとの報告が入ると湖北辺りまで受け取りに行かなければなりません。だから、うんと減っているのは事実でしょうね。

秋道　私も「十一屋」さんへ行ったことがありますが、ナマズの蒲焼きはあっさりしていて美味しいですね。プラー・ブックも結構美

川那部浩哉氏

味しい。

秋篠宮　美味しいですね。でもよくいわれるイワトコナマズが美味しいのと違うのは、プラー・ブックはどちらかというと南米のピラルクーなんかと同じように、肉感覚なんですね、お魚感覚よりもね。

それからおもしろいのは、プラー・ブックが華人系の人々のあいだでは「こうめい魚」という名前で売られていることです。「こうめい」とは諸葛亮《しょかつりょう》の字《あざな》孔明《こうめい》ですね。諸葛孔明の生まれ変わりと言われております。

川那部　頭がむちゃくちゃに良くて、獲り難いのでしょうか。（笑）

秋道　タイの人も中国人も食べるわけですか。

秋篠宮　食べますね。

水と陸との移行帯

秋道　さて、ナマズと人間活動との関わりについてさらに話を進めましょう。とくに今回の企画展では、前畑さんがやられているナマズと水田との問題がおもしろい。私もカンボジアにあるトンレ・

サープ湖周辺の水田で、水田漁撈を観察したさいにナマズを見ました。稲刈りをした後の場所で女性たちが魚伏せ籠で魚を獲っている。「ここは誰の水田ですか」って聞いたら、「知らない」と言うんですね。「それなら他人の水田へ入ったらいかんやないか」と言ったら、「水田はイネを育てるところである」、だからそこで、ライギョを獲ろうとナマズを獲ろうと、許可はいらないということでした。

それと、トンレ・サープ湖では雨季と乾季とで様子がずいぶん違う。陸と湖の境界のずぶずぶのところが季節で変わり、魚も棲みかを変える。いわゆるエコトーンというか移行帯ですよね。水田でもないし池でもないし、こういうところにホテイアオイやいろいろな水草があって、そこに魚がいて、水牛がいる。こういう世界が…。

川那部　当然にありました。琵琶湖で泳いだのは一九三〇年代後半から、琵琶湖の周りで調査を始めたのは、一九五〇年ぐらいなんですけれど。当時は、陸と水の移行帯はまさに岸辺でした。「べ」というのは「あたり」ということで、なだらかに変わっていって、きっちりとは分けられないわけです。それに少し水が増えれば、ずっと田んぼまでが一体になる。そこを、魚が入ったり出たりして利用していたのです。江戸末期の本にはナマズについて、「鯉と同じように、連日大雨が降って洪水が起こったときに、深い入江や水深のある水田に入ってきて、洪水を喜んで鰭《ひれ》を振りながら遊び、水がだんだん涸《か》れて浅くなって行くのを知らないでいるとき、網で獲ったり、竹槍で突いて獲る」などともあります。

それが今は、岸は鉛直になっているところが増えているし、内湖は埋め立て、あるいは干拓され、水田や溝と湖とはほとんど完全に分断されてしまっているわけです。

秋道　田んぼにナマズが入るのは用水路を通じてですけれども、もう少し拡げてみれば、湖と田んぼとの間にそういう移行帯があって、そこが重要だということですね。

牧野さん、会場内におられますね。ヨシのことをちょっとお聞きしたいんですが、ヨシはまさに移行帯で、コイ科の魚の産卵場だと思うんですが。その場の所有権というのは、決まっていたという話でしたよね。

写真3　アンコール・トムのバイヨン寺院、第一回廊にあるレリーフ（矢野晋吾 撮影）

牧野　決まっております。

秋道　ですからヨシ帯も所有権が決まっていたり、いなかったりとか、いろんな形態があった。その移行帯自体がなくなって、いろいろな魚も産卵に来られない淋しい状況になりつつあるというのが現状だと思います。

さて次に、ナマズと人間の関わりを、今度は表象といいますか、行為じゃなくて描かれたものとか、図像として考えてみたいと思います。ナマズの表象は琵琶湖だけではございませんで、いろんな形で日本各地や世界中にあるといえます。たとえばの話ですが、殿下はこの夏にカンボジアのアンコールワットにおいでになられた折りにもナマズの表象をご覧になりました。アンコールワットは、世界遺産で著名なところでございます。

秋篠宮　この写真は、アンコール遺跡にあるバイヨン寺院の第一回廊にあるレリーフです（写真3）。ここはちょうど、人々の生業の様子が、石に彫られた形でよく残っております。これは砂岩なので比較的彫りやすいと思うのですが、その中に、たとえば闘豚（犬）

や闘鶏、それから、漁撈の様子とかが描かれています。魚ではコイの仲間が多いように見えたのですが、どうやら一つだけナマズらしきものがありました。髭《ひげ》があるのと、何かヌメッとした感じからして、ナマズではないかなと思います。

秋道　髭でしょうね。

秋篠宮　そうですね、髭がありそうですけれども。ただ、この一つしかありませんので、他のお魚に比べればマイナーなイメージをクメールの人たちが持っていたのかなという気はいたします。トンレ・サープ湖で獲ったのでしょうけれども、あれは琵琶湖の何倍でしょうか。

川那部　四倍から一五倍という数字がありますね。あそこは雨季になるとメコン河からの水が逆流して、大きさがまったく変わってしまいますから。

秋篠宮　深さはどのくらい変わりますでしょうか。

秋道　乾季になると、水深が深いところで数メートルもないくらいになります。

写真4　オーストラリアのアボリジニの人たちによって描かれた樹皮画。ナマズの仲間（左）とともにアロワナ（上）、バラマンディ（中央）、エビの仲間（下）が描かれている（桑山俊道 撮影、秋篠宮文仁 蔵）

川那部　一二メートルという数字も、たしかどこかで見ました。

秋篠宮　以前は本当に、手で掬《すく》えば魚が獲れるというほどいたわけですが、最近は少なくなっているようです。でも、おそらく何らかの形で人とナマズとの関わりがあったことは間違いなかろうと思います。

ナマズ絵東西

秋道　これはどこの図像でしょうか（写真4）。

秋篠宮　これは、オーストラリアのアボリジニの人たちが描いている樹皮画です。樹皮画は木の皮に絵を描いたもので、もともとは岩絵（ロック・ペインティング）なんでしょうけれども。この樹皮画にけっこうナマズの仲間が登場いたします。だいたい二種類のナマズが出てまいります。いわゆるゴンズイの仲間と、尾が二股状のハマギギの仲間です。ゴンズイの仲間は、ウナギの尻尾に似ているのでイール・テイルと呼ばれますが、このイール・テイルのナマズは、アボリジニの人たちの間でトーテムというか、神聖視されていることがあるようです。

秋道　みなさまご存じだと思いますけれども、オーストラリア北部のアーネムランドの先住民であるアボリジニの人たちは、自分たちの祖先がこのナマズであったり、あるいは死へ導く案内役をするとか、いろんな観念を持っていることで知られています。

秋篠宮　死に導くというよりも、輪廻とすこし似ていますね。人間が亡くなって、いわゆる殯《もがり》の状態があるわけですね。殯の状態から白骨化すると、それを池に落とします。その池に入った骨をナマズが食べて、そのナマズを今度は鵜《う》が食べて持って行って、それで循環しております。また、アボリジニの人たちは池から生まれたという伝承があるようですね。

秋道　琵琶湖でナマズが人間の肉を食べるとか、そういう話はございますか。

川那部　それは、寡聞にして聞いたことがありませんね。

秋道　海でアナゴの話を聞いたことがあります。アナゴは土左衛門を食べるので、絶対にアナゴを食べないとかいう人もいる。

写真５　象牙の表面にヨーロッパの兵隊を彫り込んだアフリカの装飾品。兵隊の膝にはナマズが…（秋道智彌 撮影、The Pitt Rivers Museum of The Oxford University 蔵）

川那部　なるほど。

秋道　今度は、アフリカの例です。これは象牙の表面を彫り込んだ装飾品で、実物は英国オックスフォード大学の博物館にございます（写真５）。そのモチーフとしてヨーロッパの兵隊を表します。じっさいはベルギーの兵隊でしょうけれども、兵隊の膝の部分に彫り込んであるのがナマズのようなのです。その意味をイギリスの研究者に聴いたら、ナマズは乾季になると泥中に潜っているが、雨が降ると出てくる。そのような存在は、ちょうど西アフリカの人々の社会に急に現れたヨーロッパの兵士のようなものだと。だからそのシンボルとして兵士の膝のところにナマズを彫り込んだという解釈です。ですから、歴史の中でナマズはこのように、人々の芸術の中に刻印されていることになります。

日本の例に参りましょう。本日は吉野裕子先生がお見えですが、瓢簞《ひょうたん》ナマズの絵図が展示室にございます（1頁口絵下参照）。川那部さん、あの絵は…。

川那部　室町時代初期の作とされている、妙心寺退蔵院所蔵の如拙《じょせつ》

写真6　瓢箪鯰を描いた大津絵
（大津市歴史博物館 保管）

さんの瓢鮎図《ひょうねんず》ですね。ナマズを瓢箪で押さえるというたいへん有名なものですが、これに関しては、吉野裕子さんが時の足利将軍家内のごたごたに関係しているという内容の、あっと驚くたいへん独創的な意見を出してくださいました（本書95～103頁参照）。

それからだいぶ後になって、大津絵（写真6、1頁口絵左上参照）。「瓢箪鯰」は、「鬼の念仏」や「鷹匠」や「藤娘」などと並んで、大津絵の一般的な題材です。あれは大津市の歴史博物館にあります、かなり初期のもののようです。関西では、このようにヒョウタンがナマズを押さえる。それに対して関東では、石がナマズを押さえるようですね。これも展示に出ていますし、明日は北原さんがそのへんの話をなさってくださると思います。ついでに申しますと、関東にはもともとはナマズがいなかったという話は、十八世紀初頭に貝《かい》原益軒《ばらえきけん》さんも書いていますし、蜀山人大田南畝《しょくさんじんおおたなんぽ》さんは、「ひさかたのひさごはあれど関東に鯰出来しは寛保の年」と狂歌に詠み、それが一七二八年の洪水の結果だなんていう意見もありました。それを今回、宮本さんが遺跡の調査結果からも確かめており、これも明日

写真７　鯰絵「鯰を押さえる鹿島大明神」
（埼玉県立博物館 蔵）

聴いて頂けると思います。

秋道　ナマズを押さえている要石《かなめいし》の鯰絵が流行ったのはその後ですね。鹿島の大明神さんがナマズの上に乗っている絵があります（写真7、1頁口絵右上参照）。関東の方は、これに非常に馴染みがあります。いま、川那部さんがおっしゃいましたように、関西ではナマズと要石の発想はまったく馴染みがないわけですね。

「ナマズの東進」ということで明日、宮本さんが話されますが、実は私たちは九州に目を付けました。球磨《くま》川の上流に人吉《ひとよし》盆地がございます。阿蘇信仰が非常に盛んなところで、そこには阿蘇系の神社がたくさんございます。そのひとつの遙拝《ようはい》神社に参りました。あれは何年前でしたでしょうか。

秋篠宮　二年ぐらい前ですね。

秋道　遙拝神社にはナマズの絵馬があるんですよ。ナマズの絵馬を奉納するのは、ふつう白なまずが早く治りますようにと祈願するためです。白なまずは、要するに皮膚病ですね。ナマズの絵馬に見られるように信仰は、ひとつの民俗文化といえるもので、西日本だけ

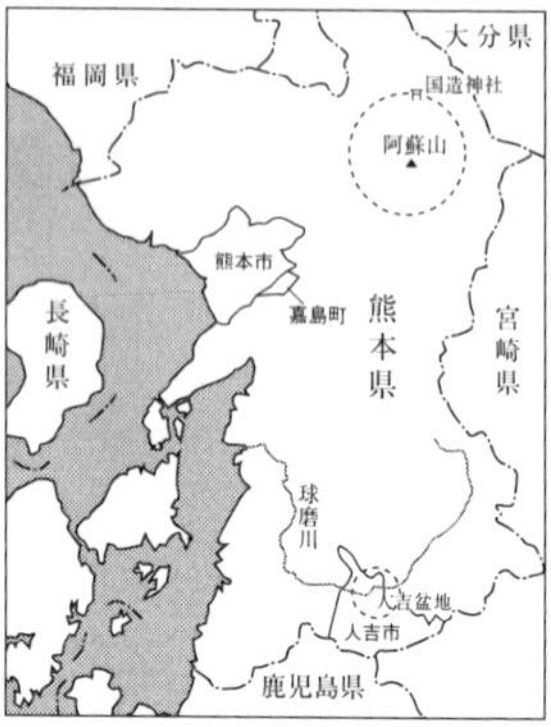

と特定するのは危険なのですが、あるのではないかということです。

川那部　関東は石がきちっと押さえて、関西へ来ると瓢箪ぐらいであいまいに押さえて、九州へ行くと押さえるものが何もない…。

秋道　何も押さえない。

川那部　本当かな。

秋道　いや、ですから、これは単なる横の比較論じゃなくて。

阿蘇地方のナマズ信仰

秋篠宮　建磐竜命《たけのいわたつのみこと》と皮膚病祈願による阿蘇信仰のナマズが、一番最初に出てきているのがいつごろかによると思うんですけれども。会場におられる半田隆夫さん、そのあたりいかがでございますか。

半田　中国の『後漢書倭伝』という、二千年ぐらい前の書物がありますが、その中に「会稽の海外に東鯷人《とうていじん》あり」という記事があるんですね。どういうことかと言いますと、中国大陸の海の外に日本列島があるわけですが、そこに〝東鯷人〟、つまり東のナマズ人がいるという記事です。分かれて二十カ国ぐらいですね、小国分立の状態である。この記事があるのが日本のどこにあたるか、ナマズをトーテムとする民族が、どこにあたるかということになります。私は、それは九州の熊本、阿蘇地方であろうと思っています。

九州はナマズの宝庫でございます。今日はナマズを食べる話がいままでございまして、ナマズの押し鮨の話もございました。しかし、阿蘇地方では、ナマズを食べない、ナマズを捕らない、捕ってはいけない、食べてはいけないという信仰があるんですね。これはどういうことかと言いますと、阿蘇神社の祭神に、建磐竜命という神さまがおられまして、これは神話の世界ですけれども、その方が阿蘇地方を訪ねられた。そのときに阿蘇のカルデラ湖の水がいっぱいあるんで、これは水を抜いて農地にしたら人々はずいぶん助かるだろうということで、建磐竜命がこのカルデラ湖のあるところを蹴破った。それが立野だと言われているのですね。そして、その湖水が流れて出て行った。それが黒川だと言われています。みなさん、九州の黒川温泉、おいでいただいたでしょうか。あの黒川だと言われております。

ところが、まだカルデラ湖の水が半分ほど残っている。どうしてかと言うと、そこに大ナマズが横たわっている。それで建磐竜命がナマズの鼻の孔の中に手を突っ込んで、ごしょごしょっとくすぐりましたら、ナマズが堪られなくなって湖から逃げて、黒川に沿って流れ出ていった。それが嘉島町の「鯰」という地名になっているんです。このナマズは、そこで死に絶えた。湖の水は出ましたけれども、作物ができない。それはどうしてかと言うと、やはりナマズが犠牲になって死んだためである。じゃあ、これを神に祀ろうということで、阿蘇の一の宮に国造《くにつくり》神社というのがございますが、あそこに小さな社、鯰神社をつくりましてナマズを祀ったのです。現在もございます。それ以来、阿蘇地方では作物ができるようになったというふうな伝説があるんですね。

それからは、阿蘇の人々、特に阿蘇神社の氏子たちはナマズを捕ってはいけない、食べてはいけない、それは神さまのお使いであるからというふうな考え方を今日までしてきているのです。この信仰は阿蘇地方だけではありません。全国で阿蘇神社が五二四社ございまして、いちばん北は青森にもございます。その阿蘇神社系の氏子さんはナマズを食べないという信仰がございます。

ですから、そういう意味では、殿下がご質問の、阿蘇は古い時代からナマズと共に生きてきた地方であり、その信仰がいまだに護られているというようなことが言えるかと思います。

秋篠宮　私も秋道さんとご一緒しましたが、国造神社には小さな祠があって、その中に御神体としてナマズさんがお祀りされています。九州のナマズにつきましては、今の神話の話であったり、阿蘇を名乗っていた阿蘇氏が治水を担っていた人たちだとか、いろんな話があります。日本の国内の話としては、私はかなり古いお話だと思います。さきほど秋道さんがおっしゃった、ステレオタイプとしての地震ナマズの話よりも、もっと古い段階に、日本人とナマズのつながりが阿蘇信仰としてあり、その後にいつの時代かから、何らかの条件のもとで皮膚病祈願、すなわち白なまず祈願の民俗がくっついたと思われます。それがどうしてくっついたのかは、私もまだよくわかりません。

秋道　重層的と言ってしまえばそれまでなんですが、歴史的にいろんな変化がございますので、これは日本の民俗学、歴史学が取り組むべき課題かなと思います。ちょっと意外な面がナマズで出てきたかなということになりましょうか。

秋篠宮　ウナギを食べないという風習も、東京にはありますね。

川那部　琵琶湖のナマズも、食べないという対象にはなっていませんが、竹生《ちくぶ》島の弁天さんの「使わし女《め》」とされていますね。水練の達者な漁夫が、竹生島の深いところで竜の代わりにナマズの大群を見たと、書いたものもあります。

生きものをめぐる文化

秋道　ところで、私は雲南省へ数年来、行っておりますが、雲南省の西南部にある西双版納（シーサンパンナ）タイ族自治州の市場では、ナマズの稚魚を売っておりました。何にするのかと聞いたら、農民が買って養殖するようです。ナマズは中国で養殖魚として脚光を浴びてきています。日本ではナマズは養殖はしていないんですか。

川那部　少なくとも大掛かりなものは、聞いたことがありません。
秋道　中国で養殖されているものは、ヒレナマズでしょうか。
秋篠宮　ヒレナマズですね。
秋道　クラリアスの仲間だと思いますけれども、これを盥《たらい》へ入れて売っているんです。東南アジアでは、タイでもベトナムでもクラリアスの養殖をやっている。
秋篠宮　養殖ナマズといえば、あとはアメリカ。
秋道　そうですね。アメリカのミシシッピー。
川那部　合衆国南部のほうでは、なかなか盛んですね。あれは元々、アメリカナマズだったし、私もそれを賞味しましたが、最近は主にヒレナマズになっているということです。
秋篠宮　本日、こちらに向かう新幹線の中で、たまたま車内誌の『ウェッジ』を読んでいましたら、アメリカナマズの養殖を盛んに行っている記事がありました。アメリカでは、ベトナムから入ってくるヒレナマズのほうが遙かに安い価格で養殖ができるために、だんだんヒレナマズが多くなってきたとありました。

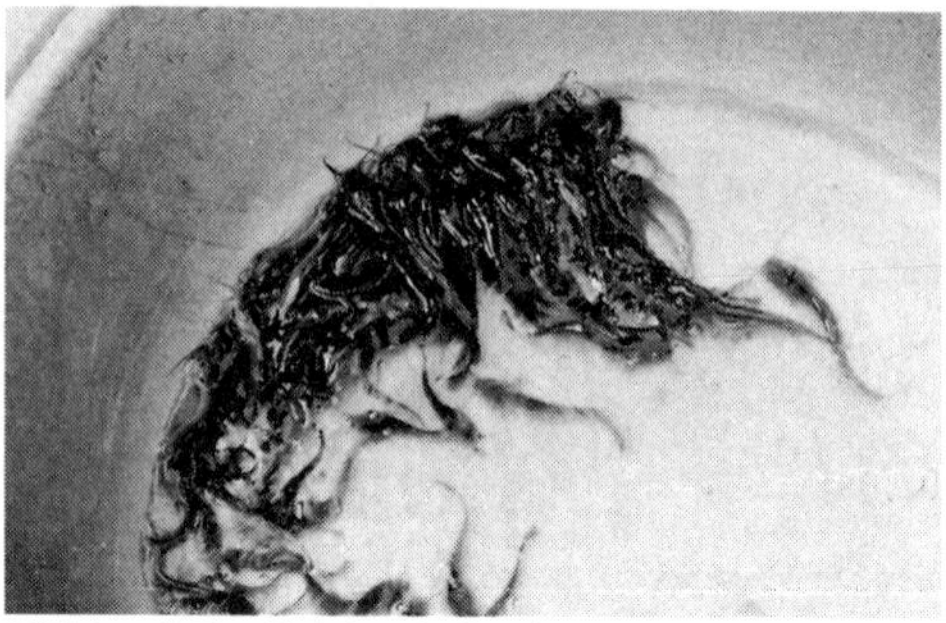
写真8　中国・雲南省の市場で売られるヒレナマズの稚魚
（秋道智彌 撮影）

秋道　これは中国・雲南省の西双版納タイ族自治州の市場で撮ったものです（写真8）。ベトナムではナマズをアメリカに輸出しているわけです。そして現在、それがいろんな経済摩擦などの問題を起こしているということです。

川那部　琉球列島の一部へヒレナマズを移入した例があります。何とぞそれ以外の各地へ持ってきたりしないように、とくに琵琶湖へ入れるなどというとんでもないことをしないように、これはぜひお願いしたいですね。外来のものを入れると、オオクチバス（ブラックバス）やブルーギルと同じようなことがまた起こってしまう。移入種の話が出ましたので、それだけは何とかしたいと思います。

秋道　明日は宮本さんがお話になりますが、江戸時代にナマズが分布域を広げた話と、琵琶湖に固有種がいて、そこに外来魚が入ることの問題についての議論をきちっとやるべきであるというご指摘と受け取りました。

川那部　民俗は自然と対立するのではなく、それをうまく使ってきたと、先ほど安室さんがおっしゃっていましたが、非常に長い時間をかけて共存してきた日本の文化というのは、まさにそうだと思います。

梅雨のころになると、琵琶湖の水位は当然に上がってくる。これを刺激にしてナマズなどの魚は田んぼへ入り、そこで産卵し、子どもはそこである程度まで大きくなって湖に出ていったわけです。ヒトのほうは、それを使って農業を営み、漁業を営み、そして暮らしを立て、信仰などを含めて文化をつくりあげてきたわけです。そのような季節変化がこころを慰めてもきたのです。これに対して現在は、水位は春から夏にかけて、すなわち梅雨のころには、逆に減少するように操作されています。ナマズなどの魚の性質のほうは、歴史的にすり込まれていますから、この新しい変動に対処することは不可能です。それではヒトのほうはどうか。頭で考えて対処することはある程度可能だけれども、本当はどうなのでしょうか。

やはり、従来の文化的なものが、どういう自然の状態の中で作られてきたかを考え、またこれからそのへんをどうしたらいいかを考えるべきだと最近言い続けているので、安室さんが非常にはっきりおっしゃって頂いて、たいへん意を強くしました。

秋道　殿下、いかがでございますか。いまのお話に関連して。生物と人間の営みのことですね。

秋篠宮　そうですね。いまのお話と連続するわけではないんですが、さきほど安室さんが、いわゆる生物としてのお魚の話、それから人が接するときのお魚の話ということをおっしゃったんですが、私も最近そのことに非常に興味を持っております。やはり日本人が持っていた生きもの観というものの見直しを、そろそろしてもいいのではないかなという気がいたしております。

現在の人たちが生きものを認識するときは、だいたいにおいて、図鑑でも何でも、リンネの体系のもとに認識しているわけです。そのような人為的な分類というか現代生物学における生物の分類といったものがある。これはたしかに、まったく異なる文化の間を通っても、共通の認識ができるという意味において、非常に優れた方法だと思います。

ただそれは、地域ごとの文化を一切抜きにして考えることができる点ではいいんですが、それぞれの地域の人たちが、例えばナマズを食べる食べないなど、いろんな文化を持っているわけですね。これは対峙《たいじ》する人の接し方にとっては、ひとつの生きものがまったく違うものに変わることを考えていない。ナマズを食べる人たちにとってのナマズと、ナマズを食べない人たちにとってのナマズでは、自ずから違う生きものになってくる可能性があるわけです。

そのような生きもの観。「生物」と言うより、私は「生きもの」と言ったほうが好きなんですが、生きもの観みたいなものを、私たちが住んでいる日本国内の地域の違いなどについても、これから再認識をして行く必要があるのではないかと思っております。

秋道　おっしゃったように、生物学ではなく、生きもの学は文化、あるいは歴史を抜きにして語れないわけですから、生物と文化や歴史の融合と言うよりも、それぞれの地域の人たちは、両者を分けなくても、そのもの自体として考えているわけですから。分けているのは研究者側の方です。私たちが学んでいく点は、そこにあろうかということがわかってきた。

秋篠宮　その地域の人たちに投影される文化表象の大きさが違うということですよね。

秋道　はい、そういうことになりましょうか。儀礼という形で引き継がれるということに対する、私たち人間の文化のおもしろさもございます。さっきのなれ鮨は半年サイクルですが、頭屋《とうや》のサイクルは二二年ですね。それから魚の産卵も年間サイクルですよね。その中で生きている人間の暮らしの妙というのを、私たちはきっちりと見つめて、今後に活かすべきであろうかと思います。

さっき川那部さんもおっしゃいましたように、「これだけは止めてください」というようなことが言えるのは、研究者の立場でもあるし、地元の人も、「これだけは止めてほしい」という主張ができる。そのようにしなければ。上の人が言うからという時代ではもうございませんので。

時間が参りました。琵琶湖博物館開館五周年で、再び殿下にご登壇いただきまして、ナマズについていろいろと貴重なお話を賜りまして、ありがとうございました。これで一応、この場をおひらきとさせていただきます。ありがとうございました。

秋篠宮　どうもありがとうございました。

川那部　ありがとうございました。

ナマズ紳士録―ナマズ類にみる多様性―

小早川　みどり（九州大学）

ここではナマズとはどういうものかを生物学的側面から紹介しよう。特に日本のナマズが生物の分類学的にどういうところに位置付けられるのかという点に、重点をおいてみていきたい。この項が終わった時点で、ナマズの仲間が様々な面で非常に多様性に富むものだということ、分類学的にはわからないことが多いのだということがわかっていただけると幸いである。

ナマズ目と骨鰾《こっぴょう》上目《じょうもく》

ナマズというと、日本ではヌラクラして、頭が大きく、黒いというイメージがあるが、生物の分類学的にはナマズというと必ずしもそういうものばかりではないのである。

ここで分類学というのは、生物をその類縁、すなわち血縁関係に基づいてグループ分けする学問である。それによると、ナマズの仲間はナマズ目というグループに含まれ、これはさらに大きな骨鰾上目という仲間に属することになっている。図1に示すように骨鰾上目には、ナマズ目の他にコイやフナが入っているコイ目、ピラニアという魚が入っているカラシン目、

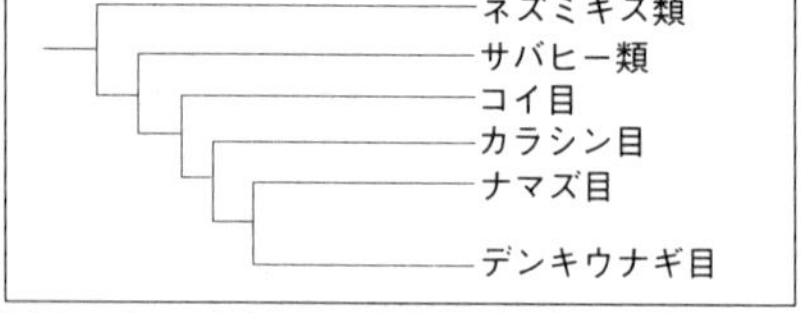

図1　ナマズ目と他の骨鰾上目魚類の関係

それから発電するデンキウナギの入っているデンキウナギ目が入れられている。ナマズ目は体の表面にある、電気を感じる特別な神経細胞の形態が類似していることから、これらの中でも特にデンキウナギ目と近縁ではないかといわれている。ナマズ目に属する魚類は日本には一〇種が生息するだけで、決して数が多いとはいえない。しかし、世界的には種数も多く、形態もその生活の仕方も非常に様々な様相を示している仲間であるということができる。現在、世界には魚類が約二万五千種いるといわれているが、そのうちの一割近くをナマズの仲間が占めているのである。これは決して少ないとはいえない数であろう。

ナマズの仲間はどのようなところに棲むのか

ナマズ目の分布をみると、赤道を中心に熱帯地方に多いことは確かだが、図2に見られるように北極や南極の地域を除くすべての大陸に分布していることがわかる。水平的に広く分布しているだけではなく、垂直的にも幅広く、海に生息する種から海抜三八〇〇メートルくらいの高山の渓流や湖に生息している種までみられる。多くの種は、淡水魚であるが、ゴンズイ科やハマギギ科の仲間は、海にすむ種が多い。川の中流の淡水域から河口部のかなり塩水の入ったところまで行き来ができる種もいる。

ナマズの仲間の一般型

このナマズの仲間を一般的な形で表わせといわれると非常に難しい。ナマズ類の特徴をあえて一般的な形態として総合的に表してみると、図3のようになるであろう。もっとも、このようなナマズは実際には存在しない。特徴をあげてみると、図3は外側から見た図なのでわからないが、二番目から四番目までの脊椎骨《せきついこつ》（背骨）が融合して一つの骨になっていること、それから外見からもわかるように、ひげがあること、体の表面に鱗《うろこ》がないこと、頭が比較的扁平であること、それから背《せ》鰭《びれ》、胸鰭の第一番目の条（すじ）が、太い骨の棘《とげ》になっていること、などがあげられる。そのほかに外からは見えないのだが、もう一つ大きな特徴がある。普通の魚では上顎《うわあご》の縁を形作っている、主上顎骨《しゅじょうがくこつ》という骨があるが、その骨がナマズの仲間では上顎の縁ではなく、ヒゲの根元の小さな骨になっていて、そこにヒゲがついているのである。そして、その骨はヒゲを動かすのに使われる筋肉の重要な付着点となっている。

一般にはこのように特徴付けられるが、二番目から四番目までの脊椎骨が融合しているということ以外は、どれも例外がみられる。したがって、これがナマズの仲間という証拠を一つの特徴だけで表すことは難しく、こういった特徴をいくつか持ち合わせているものをナマズという、としか言い様がないわけである。

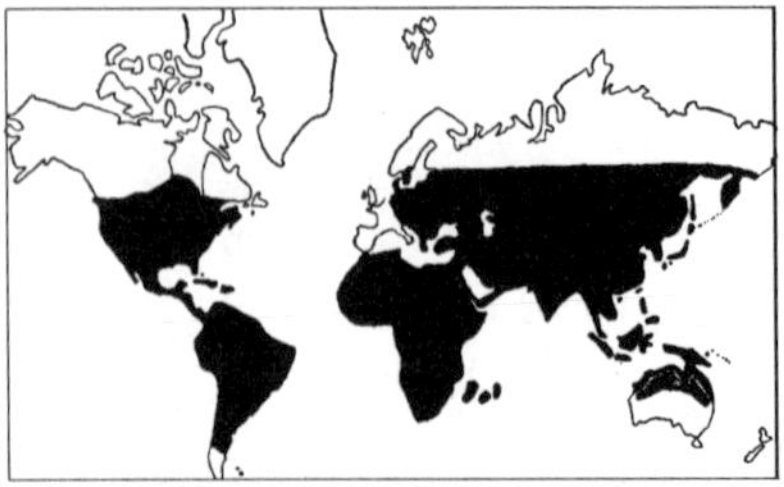

図２　ナマズ目魚類の分布。赤道を中心に黒くぬった部分に分布する

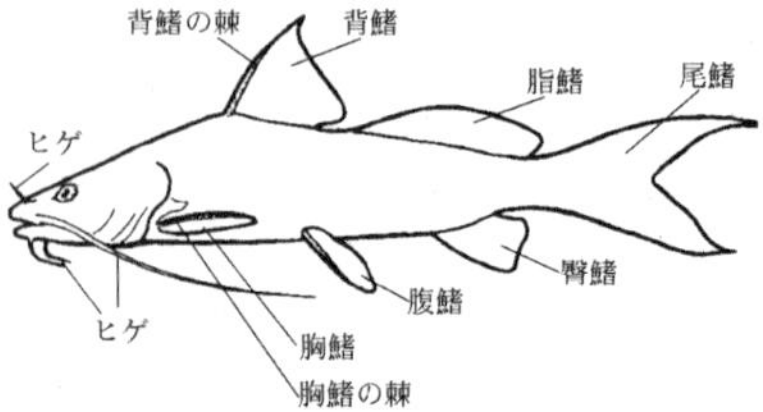

図３　一般的なナマズの外形。ナマズの仲間の特徴を組み合わせて作った理想的なナマズ

ナマズの仲間に見られる多様性

現在知られているナマズの仲間は分類学では三四の「科」というグループに分けてある。図４にはそれらの代表的な外形を示した。非常に大雑把なものではあるが、これをみるといろいろな形のものがいるということがわかるであろう。もちろん脂鰭《あぶらびれ》のないものもいれば、背鰭の長くなっているもの、臀《しり》鰭が長いもの、それからヒゲの数もいろいろある。鱗のあるものもあれば、日本のナマズのように全く鱗のないもの、さらに尾鰭と臀鰭

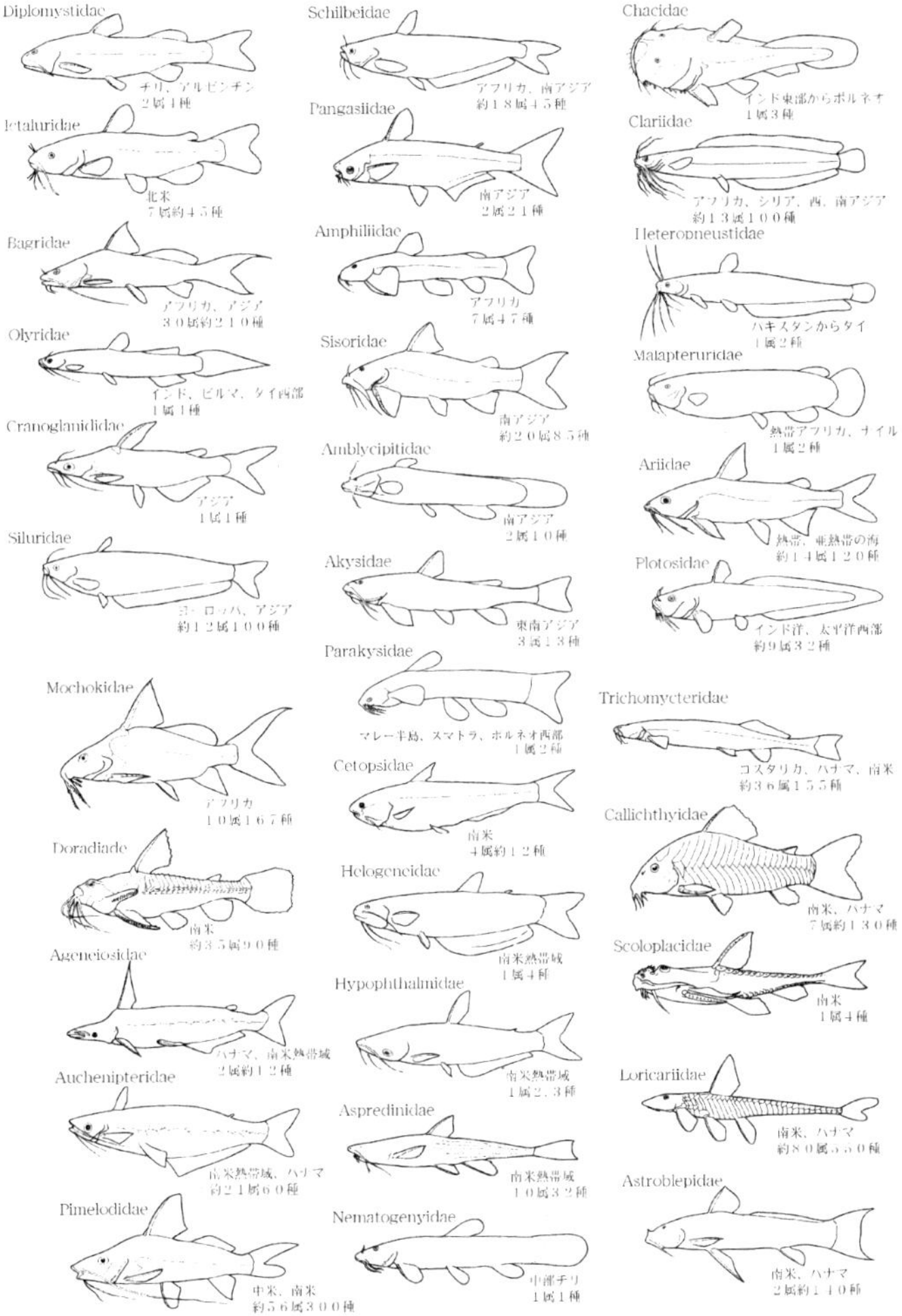

図４　ナマズ目魚類。科の代表的な形態を示してある

が全部つながっているようなものなど、形の上でも非常に多様性に富んだ仲間ということができる。

そのほか、生息場所、食べ物、泳ぎ方、繁殖方法に至るまで、いろいろな面で多様性をみることができる。

食べ物について言えば、非常に肉食性が強い、見るからに獰猛《どうもう》そうで他の魚を食いそうという顔をしているものもいれば、雑食性が強く、ロリカリアのようにキュウリで飼っている水族館もあるというものもいる。ナマズがキュウリを食べるなんてと思われるかもしれないが、ナマズの仲間全体で食べ物をみると、多くのものは魚や水生昆虫を食べる肉食性であるが、雑食性で植物まで食べる多様な食性を見ることができるわけである。

泳ぎ方についてもいろいろとあることが知られている。有名なサカサナマズは上下まっさかさまに泳ぐ。また、グラスキャットという体が透明なことで有名なナマズは、臀鰭を上手に使って水中にホバリングすることができる。前進も後退もせず、一ヶ所にじっとしていられるのである。

そのほか、寄生性のものもいれば、空気呼吸ができるのもいる。また、デンキナマズのように、四五〇ボルトにもなるような大きな電圧の電気を発電することができるようなものもいる。このようにナマズの仲間は魚とは思えないような多種多様な能力を限りなく開発させたグループなのである。

大きさも様々で、二～三センチのものから五メートルという記録もあるヨーロッパオオナマズのような大型になるものもいる。繁殖方法に関しても大変興味深く、卵をうみっぱなしのものから、巣を作って卵や子の世話をするもの、口の中で子を育てるもの、カッコウのように他の魚に托卵《たくらん》するものもみられる。

ナマズの仲間の類縁関係

このように様々な面で多様性に富んでいるナマズの仲間は先に述べたように、現在三四の「科」というグループに分けられている。しかし、これら三四科の総括的な類縁関係、系統関係は、ほとんどわかっていないというのが実状である。

ナマズの仲間の特徴の一つに主上顎骨という上顎の骨がヒゲの下にある骨になっているということを述べたが、ヒゲの下にその骨が入っておらず、まだナマズ以外の魚たちと同じように上顎をつくっている仲間がある。ディプロミステス科という南米にいるナマズの仲間である。ナマズ科三四科の中で最も原始的と考えられており、そのため、ナマズ類は南米に起源したのだろうと考える学者が多い。起源に関しては、このようにいくらか一致が見られるが、それ以上は諸説が混沌とした状態である。種数が多い上に、様々な特徴がいろいろな科でモザイク状に出ているために、すなわちあまりに多様性に富んでいるため、系統を推定しようとする学者泣かせなのである。したがって現在のところ、ナマズ目の中の三四の科の類縁関係に関しては定説といえるものがない。

日本でみられるナマズの仲間

このように種数の多いナマズの仲間ではあるが、現在日本には五科一〇種が棲んでいるにすぎない。ギギ科のギギ、アリアケギバチ、ギバチ、ネコギギ。アカザ科のアカザ、それからナマズ科のナマズ、ビワコオオナマズ、イワトコナマズ。これらはすべて淡水魚である。ギギ科のギギとナマズ科の三種は琵琶湖でみることができる。そして、海に棲むゴンズイ科のゴンズイとハマギギ科のハマギギ、計一〇種である。

日本に棲むナマズ科の仲間

ここからは日本に棲むナマズの仲間の中で「ナマズ」という標準和名がついているナマズが含まれる「ナマズ科」という一つのグループに限って話をすすめていこう。ナマズ科のナマズ類は三四科あるナマズ目の中でも、北米に分布しているイクタルルス科とならんで、一番北方にまですすんでいるナマズ類である。図2で示した分布図の中で、

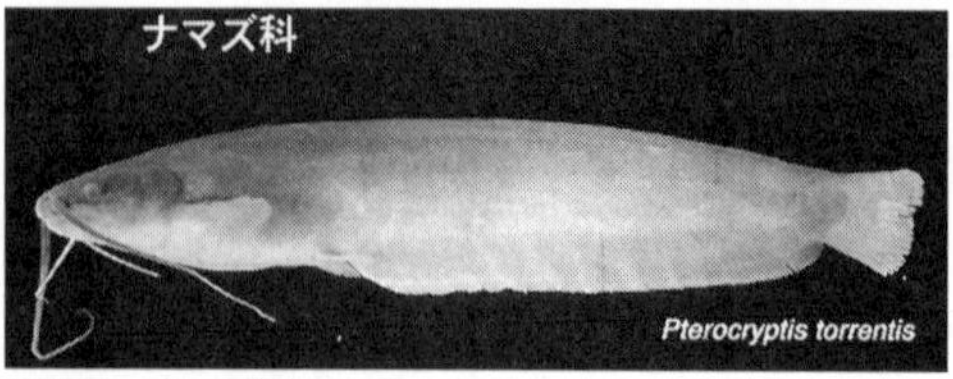

写真１　ナマズ科の一種

北縁を占めているのがこれらの科である。写真１にはナマズ科の一種を示してあるが、形態的な特徴をあげてみよう。背鰭が異様に小さく、臀鰭が長い。ひげは上顎に一対、下顎に一対あるいは二対で、当然のことながら私たちがイメージするナマズとよく似ている。ヒマラヤや中央アジアの乾燥地帯を除いて広くアジアからヨーロッパに分布している仲間である。ナマズ目の多くのものが、主に水底で生活するものが多い中で、この仲間には中層に浮いて泳ぐものが比較的多く含まれている。先に出てきたグラスキャットも、実はナマズ科の一員なのである。ナマズ科は臀鰭がとても長いとか、背鰭が普通の魚と比べると異常に小さいといったことからもナマズ目の主流からはかなり外れているのではないかと考える学者も多い。しかし、実際に他のどの科と類縁が近いかということはわかっていない。現在のところ、ナマズ科は約一〇〇種が知られているが、日本にいるのは三種だけで、そのうちの二種が琵琶湖水系特産種なのである。つまり日本特産種である。

琵琶湖特産種のナマズ科の仲間

どのようにして琵琶湖特産のナマズ類が生じてきたのかというのがたいへん興味のあるところである。琵琶湖はよく古代湖、つまりとても歴史の

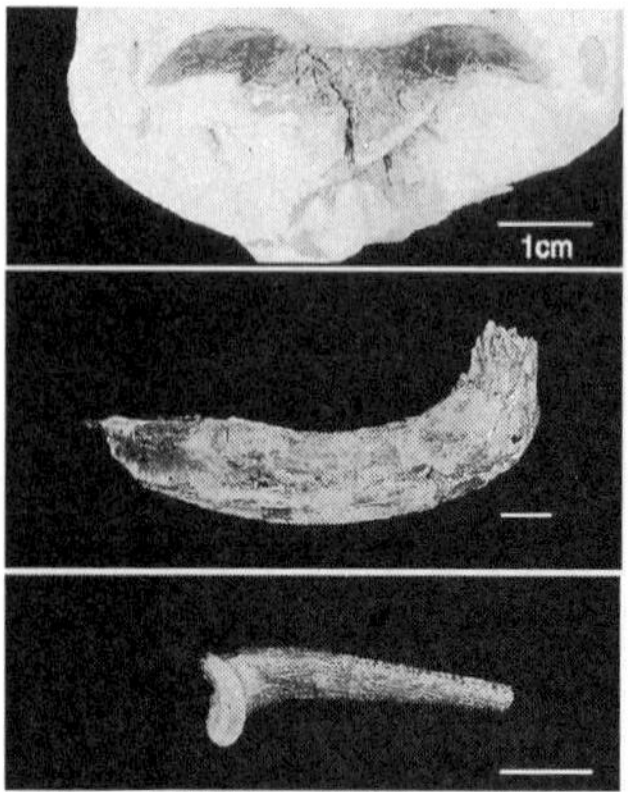

写真2　古琵琶湖の堆積物から産出したビワコオオナマズの化石。上：頭の骨の前端部分にある中篩骨《ちゅうしこつ》、中：胸鰭を支える擬鎖骨《ぎさこつ》、下：胸鰭の棘

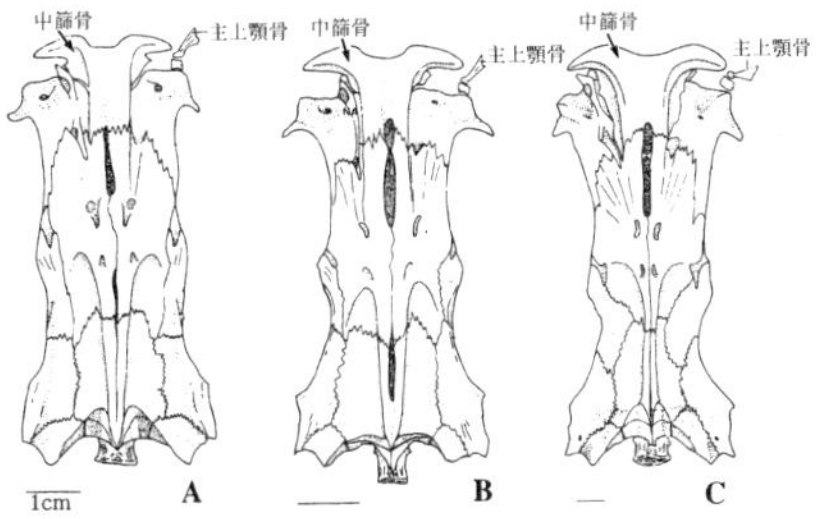

図5　琵琶湖のナマズ３種の頭の骨。Ａ：ナマズ、Ｂ：イワトコナマズ、Ｃ：ビワコオオナマズ

古い湖といわれるが、約四〇〇万年前には現在の三重県の上野《うえの》市辺りにあり、徐々に現在の位置まで移動してきたことが知られている。三重県の上《うえ》野《の》市から現在の滋賀県まで琵琶湖が辿ってきた周辺には、当時の琵琶湖、つまり古琵琶湖の底に積もった堆積物が地層となって残されている。その堆積物からはたくさんの化石が出てくるが、その中にビワコオオナマズと目される化石が含まれていた（写真2）。

現在、琵琶湖にすんでいるビワコオオナマズは他の二種類のナマズに比べるとどのような点で違っているのだろうか。非常に細かい話になるが、頭の骨を上から見ると図5のようにみえる。この頭の骨の前端には中篩骨《ちゅうしこつ》という骨があるが、この骨の前端のカーブの仕方が種によって微妙に違っている。こんなもん同じに見えるといわれそうだが、ビワコオオナマズではこのカーブが他種よりゆるやかである。したがって、中篩骨の前端のカーブの仕方は化石となって出てきたときに種を査定するのに非常によい鑑別点でもある。ほとんどの場合、化石では骨しか残らないからである。そこで、産出した化石の写真に、現在の琵琶湖で採集したビワコオオナマズの骨の標本の写真を重ねてみると、なんとぴたっと合ったのである。また、擬鎖《ぎさ》骨《こつ》とよばれる胸鰭を支える骨のカーブの仕方、さらに胸鰭の棘についている小さな顆粒《かりゅう》状の突起もビワコオオナマズのものとまったく一致していた。

しかし、骨の特徴はビワコオオナマズのものを持ち合わせているこの化石を、ビワコオオナマズといってよいのかどうか、問題が残った。というのは化石になったナマズが棲んでいた当時の古琵琶湖は現在の琵琶湖と違っていて、沼のように浅かったといわれているからである。したがって、一緒に棲んでいた魚の種類も現在とは違っていた。しかし、魚が豊富で非常に生産性が高い湖だったようである。生活環境や食べていた魚種は現在とは異なるけれども、骨の形はビワコオオナマズと全く区別ができない、しかも、同じ地層からは普通のナマズやイワトコナマズに相当するナマズは出てこない。このようなことからこのナマズの化石は、ビワコオオナマズであると結論付けられたのである。つまりビワコオオナマズは琵琶湖の創生期から古琵琶湖とともに変遷を続けて現在の位置にたどり着いた種だったのである。

このように化石の研究からも、断片的ではあるが、ナマズ類の歴史を紐解《ひもと》く努力はされているのである。

多様性の源

先にも述べたように、その多様性ゆえにナマズの仲間は分類学者にとっては難題を抱えているグループであるが、なぜこんなにも多様性に富むのだろうか。一つはナマズが持っている歴史の古さがあげられるだろう。それに伴って進化する時間、分布を拡大する時間も長く、世界中に分布することになった。しかし、それだけではないのではないか。ナマズの仲間は、遺伝子の量、DNA量が他の魚に比べて多いといわれている。新しい変異を生じさせるような遺伝的な要因があるのかもしれないのである。今後の研究が待たれるところである。

このようなナマズの仲間は世界中の多くの国で優れたたんぱく質資源ともなっている。そのためにナマズ類の中には、人による過剰な捕獲のために地球上から姿を消しつつあるものもいる。また、ナマズ類は研究者にとっては宝の山でもある。研究が進んで様々な謎が解明されるまで絶滅せずに残っていてほしいものである。

ナマズの東進と人間活動—遺跡の魚類遺体から—

宮　本　真　二
（滋賀県立琵琶湖博物館）

はじめに　—東日本にはナマズはいなかったか？—

今回紹介する内容は、江戸時代の中頃までは東日本にはナマズがいなかったらしい、ということを知ったことに始まる。このことを東洋大学の北原糸子先生から教えてもらった。はじめてこの情報を聞いて、私自身けっこう疑い深く屈折した性格なので、本当かどうかを証明するにはどのような資料を分析したらよいのか、と悩んだ。正直言って、ナマズが江戸時代の中ごろまで関東にいなかったということは信じていなかったのだ。

ここでは現在のナマズの分布、遺跡から見つかったナマズの遺体、そして江戸時代の文献資料、さらには民俗学分野の記録にみるナマズの分布変化、という流れで「東日本にナマズはいなかったこと」を説明したい。

どのように調べたか?

私の専門は全く違っていて、ナマズという魚の知識は全くなかった。また魚をペットにすることや、釣りを趣味とすることもなかったので、食べられる魚だということさえも知らなかった。そこで企画展の調査をすすめるなかで、前畑さんから、琵琶湖に生息する固有種としてイワトコナマズとビワコオオナマズがいて、ふつうのナマズは北海道とか沖縄でも確認されたという事例があり、現在の日本列島のほぼ全域にわたって分布していることを知った。その後調べたところ、明治期くらいになると研究者によって全国の淡水魚の分布調査が開始され、ナマズは少なくとも東北地方や北海道、四国の一部、さらに沖縄では自然分布ではないという指摘がなされたことを知った。もう少し調べると、日本列島の淡水魚分布の特色とし

＊1　本州中央部をほぼ南北に横切る大断層。

て、東日本は西日本に比べて淡水魚の種数が少ないこと、その境界が有名な糸魚川《いとい》―静岡構造線＊1であることも学んだ。

これを知った時に少しひらめいた。そのひらめきとは、証明する材料として人が残した文献上の記録というものは、あくまで人間が書いたものなので、あまり信用できないと感じていたことに始まる。信用できないというのは、私自身の経験からだ。私は日記を書いている。しかし、日記には必ずしも正確な情報を残そうとはしない。つらかったこと、悲しかったことなどはできるだけ書き留めない。結局は文献だけの情報では信憑《しんぴょう》性がないと直感したからだ。だから考古学者が対象とする遺跡から出土したナマズの遺体、それを調べてやろう、そういう風に思い立った。つまり、化石としてのナマズの情報に注目しようと思ったのだ。

淡水魚の分布を考える場合、淡水魚を食べる地域に注目すると、日本の各地域にナマズを食べる地域が存在することが分かった。そのなかで、北は岩手県から、南は宮崎県までナマズを食べる地域はたくさん報告されている。これは伝統食なので、料理の仕方というのは多種多様だが、少なくともナマズという魚は歴史的にも人に近い魚であったということが言える。

しかし私自身はこの調査をすすめるなかで、ナマズという魚は食べることができるということをはじめて知って、正直驚いた。私の生まれ育った丹波《たんば》地方では、ナマズを食べる習慣はなかったからだ。その後、実際に食す行為によって、見た目以上の「うまさ」を体験することになった。

遺跡から見つかったナマズ

全国の遺跡発掘調査報告書などを調べて、ナマズの遺体が見つかった地点を地図に落とすと、ほとんどが西日本、それも滋賀県以西を中心として見つかっていたことが分かった（図1）。関東にも出てくるわけだが、それは、江戸時代の遺体しか見つかっていない（表1）。ナマズに近い魚であるギギという魚も調べると、これは現在の分布とほぼ一致しているということが分かった。

しかし話題のナマズは、そうではなかったということだ。先程の

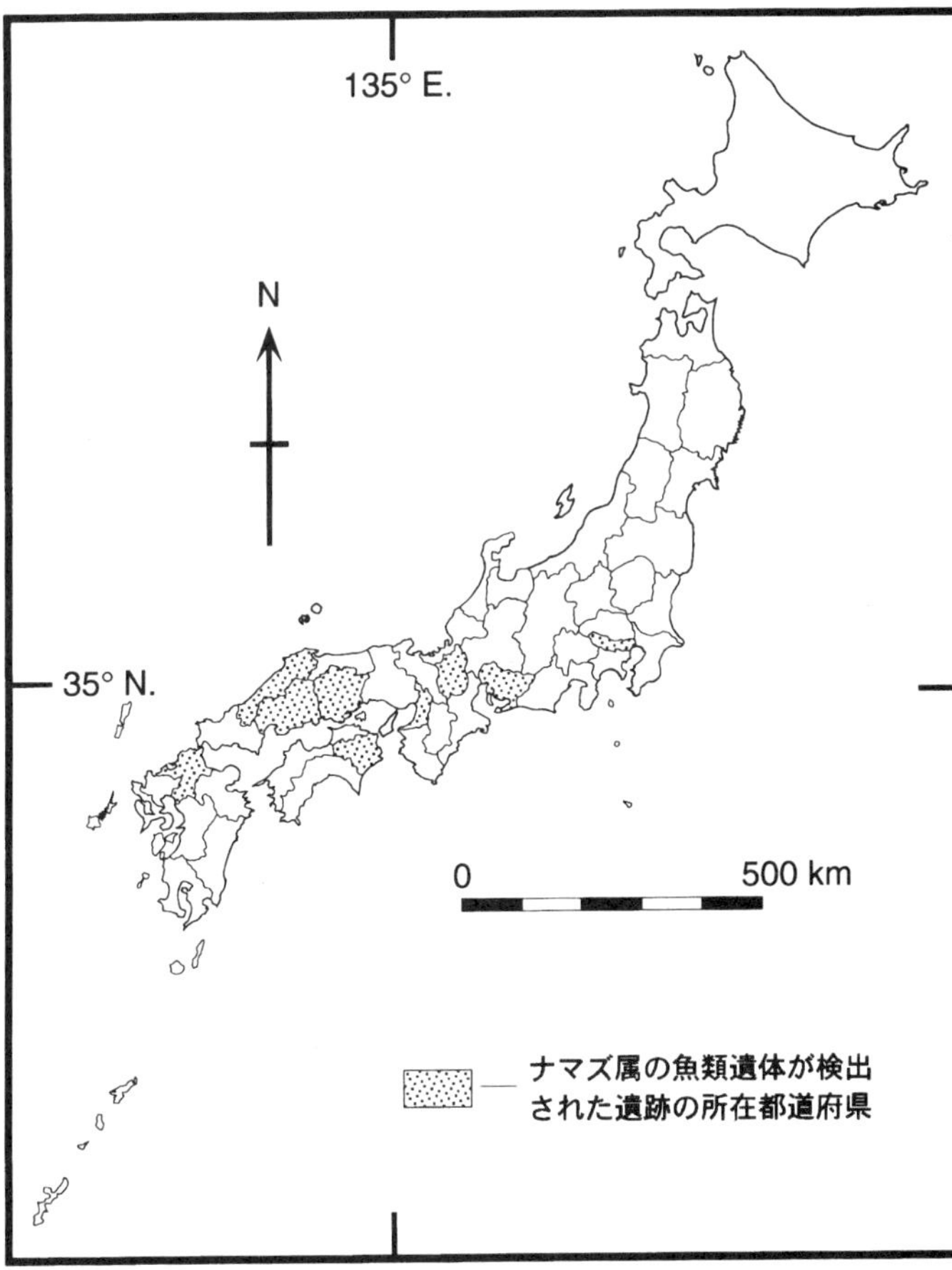

図1　遺跡から検出されたナマズ属の魚類遺体の分布（宮本ほか, 2001を一部改変）
地点の情報は、表1(60〜61頁)に対応する

部簡略化）

同定部位・数	時代
鎖骨４点，背鰭５点，胸鰭10点，歯骨２点	縄文・後～晩期
椎骨2101点，胸鰭棘864点，背鰭棘120点， Ｆ.Ｐ15点，Ｓ.Ｐ36点，Ｓ.O120点， E.81点，前上顎９点，鰓蓋骨85点，擬鎖骨733点	縄文・後～晩期
胸鰓棘	縄文・後期
胸鰓棘，背鰓棘，咽頭骨，椎骨	縄文・後?晩期
胸鰭棘	縄文・中～晩期
胸鰭棘２点	縄文・後期
１点	縄文・後～晩期
胸鰭１点	縄文・後期
胸鰭第１棘１点	古墳・前～平安・初期
	縄文・後末葉～晩期
鱗棘２点	江戸時代（17～19Ｃ）
１点	江戸時代（19Ｃ）
歯骨片１点	縄文・早～中期
胸鰭棘，擬鎖骨，歯骨，椎骨等多数	縄文・早～中期
胸鰭棘，擬鎖骨，歯骨，椎骨等多数	縄文・早期
	弥生・中期
歯骨	５Ｃ後半
骨片	縄文・後～弥生・中期
ナマズ（胸鰭棘24点，脊椎６点，擬鎖骨１点， 背鰭棘１点） ギギ（上後頭骨２点，胸鰭棘２点，背鰭棘１点）	縄文・晩～弥生・中期
ギギ（左胸鰭）	縄文・中期～弥生・前期～
胸鰭棘１点	弥生・前期
胸鰭条	弥生・中期
胸鰭棘	奈良・後（８Ｃ後）～平安・末期（12Ｃ後）
ナマズ（歯骨１点），ギギ（胸鰭１点）	縄文・中期末葉
加茂Ａ遺跡（ギギ科，胸鰭棘３点）， 加茂Ｂ遺跡（ナマズ，歯骨１点，ギギ属 （ギバチを含む） 胸鰭５点，歯骨２点，擬鎖骨２点）	弥生～古墳
腱鎖骨１点，胸鰭骨１点	縄文・晩期
胸鰭棘１点	弥生・中期
	14Ｃ中葉～14Ｃ後半
	縄文・晩～弥生・前期
胸鰭	弥生・後～古墳・前期
68点	縄文・早末～縄文・晩期
椎骨９点	弥生
	縄文・前期
歯骨２点	江戸時代・幕末期～明治・初期
胸鰭棘１点，歯骨１点	弥生・前～古墳・後期
胸鰭棘１点	縄文・中～後期

表1　遺跡発掘調査報告書で公表されたナマズ属・ギギ科の魚類遺体（宮本ほか, 2001を一

遺跡所在県	遺跡所在地	遺跡名	魚種名
岩手県	西磐井郡花泉町油島	貝鳥貝塚	ギギ科の１種
宮城県	遠田郡田尻町蕪栗熊野堂	中沢目貝塚	ギバチ
茨木県	大穂町吉沼	吉沢大六天貝塚	ギギ
	牛久町城中	城中貝塚	ギギ
	伊奈村神生	神生貝塚	ギギ
	牛堀町上戸字原堂	原堂Ｂ貝塚	ギギ
埼玉県	北葛飾郡庄和町神明	神明貝塚	ギギ科
千葉県	市原市西広字上ノ原	西広貝塚	ギギ科の１種
東京都	足立区伊興町および東伊興町	伊興遺跡および東伊興遺跡	ギギ科
	北区西ヶ原３丁目	西ヶ原貝塚	ギギ類
	文京区本郷７丁目	東京大学本郷構内理学部７号館地点	ナマズ科
愛知県	名古屋市中区三の丸１丁目	名古屋城三の丸遺跡	ナマズ
滋賀県	大津市晴嵐１丁目の琵琶湖底	粟津貝塚湖底遺跡	ナマズ科
	大津市晴嵐１丁目の琵琶湖底	粟津湖底遺跡第3貝塚	ビワコオオナマズ，その他ナマズ属，ギギ属
	守山市赤野井町地先	赤野井湾遺跡	ナマズ属，ギギ属
大阪府	八尾市南亀井町	亀井遺跡	ナマズ，ギギ
	大阪市平野区長吉長原	長原・瓜破遺跡	ナマズ科の１種
	大阪市東区森之宮東之町	森の宮遺跡	ナマズ亜科
	東大阪市長堂１丁目	宮ノ下遺跡	ナマズ属，ギギ属
	東大阪市東部（水走・川中・今米・吉田船場・西石切・弥生町）	水走遺跡および鬼虎川遺跡	ナマズ，ギギ
兵庫県	神戸市兵庫区大開通４丁目	大開遺跡	ギギ属
島根県	朝酌川岸海崎地区	西川津遺跡	ナマズ
	出雲市西園町	上長浜貝塚	ナマズ
岡山県	倉敷市矢部一帯	矢部奥田遺跡（矢部貝塚）	ナマズ，ギギ
	岡山市加茂町および倉敷市矢部	足守川遺跡群（足守川加茂Ａ・Ｂ遺跡，足守川矢部南向遺跡）	ナマズ,ギギ科,ギギ属
	岡山市沢田町	百間川沢田遺跡	ナマズ
	岡山市吉備津1444	吉野口遺跡	ギギ類
広島県	福山市草戸町	草戸千軒町遺跡	ナマズ，ギギ
徳島県		城山貝塚	ナマズ？
	徳島市佐古六番丁	三谷遺跡	ナマズ
	阿南市水井町奥田42	若杉山遺跡	ナマズ
福岡県	鞍手郡鞍手町大字新延	新延貝塚	ギギ（ナマズ,ゴンズイの可能性有）
	大川市下林	下林西田遺跡	ナマズ
	北九州市八幡西区楠橋	楠橋貝塚	ナマズまたはギギ
	北九州市小倉北区金田	常盤橋西勢溜り跡	ナマズ
	行橋市大字下稗田	下稗田遺跡	ナマズ
熊本県	下益城郡城南町下宮地	黒橋貝塚	ギギ（？）

繰り返しになるが、一見してナマズの分布の中心は西日本であり、東日本では江戸時代中頃の大名の屋敷跡から出てきた遺体が一点あるのみである。また、愛知県の遺体も江戸時代のものであることから、いわゆる先史〜古代といわれる時代のナマズの分布の中心地は、西日本であったということが推定できた。しかし、現在では日本列島のほぼ全域でナマズは生息している。

人が記録したナマズ

江戸時代の一七〇八年に刊行された文献[*2]には、「ナマズは箱根より東では生息していなかった」と解釈できる一節があり、その後「昔から関東ではナマズはいないといわれていたが、一七七二〜七三年頃には隅田川《すみだ》でみつかるようになった」という記録もあった。さらに、東北地方ではすこし時代が下った江戸時代の後半からナマズが見られるようになったという記録も残っていた。

「いなかった」ということを実証するのはなかなか難しいが、遺跡から見つかったナマズの遺体の分布結果と、江戸時代の文献記録

*2　「大和本草」（貝原益軒）。

をふまえて整理してみると、㈠江戸時代の中期頃まではナマズは東日本、いわゆる関東には分布していなかったこと。㈡関東では、ナマズは江戸時代中期以降に見られるようになったこと。そして、㈢さらに北の東北地方では、江戸時代後期頃にナマズが確認されるようになったということが分かる。

ではもう少し新しい時代に移ると、柳田《やなぎた》國男《くにお》という有名な民俗学者が、重要な記録を残していた。その中には、およそ江戸の終わりくらいから明治にかけて、今の秋田県地方では文化年間（一八〇四―一八一七年）頃からコイが多くなってきて、それを放すという記録が残っている。これはコイのことを書いているが、さらにナマズはコイよりも後に来たということも書き残している。つまり、文化年間以降にナマズはこの地に入ってきたということだ。また、津軽《つがる》地方ではナマズが来たのは明治に入ってからだとも書き残している。

このようにみてみると、ナマズは江戸時代の中期以降に関東に入ってきて、東北地方にはそれ以降の江戸時代の終わりから明治にかけて、人間が持ってきて放したのではないかと解釈できる。この分布変化は、人を要因に考えざるをえない。つまり、ナマズは淡水魚なので海を泳いでいったということはあまりというか、ほぼ考えられないからである。それから、聞くところによると、ナマズという魚はある程度強い魚なので、人間が運んで放したのだと考えられる。

私は自然地理学を専攻しているので、ナマズが生息しやすい地形の発達や、水田の分布変化とどのように関係しているのかも考えた。たとえば、ナマズの卵が稲にくっついて、人とともに北の方に移動していったということも想定はできる。このように考えると、それはすべて人が関わった現象で、それにともなってナマズの分布域が拡大していったのではないかということが推定できる。人と関わらないという意味では、鳥という存在も想定できるが、その可能性は少ないと考える。

おわりに　―人に近い魚としてのナマズ―

「人が残した記録（文献）」と、「自然が残した記録（魚類遺体）」から、ナマズの分布の変遷を検討した。図2に結果をまとめる。

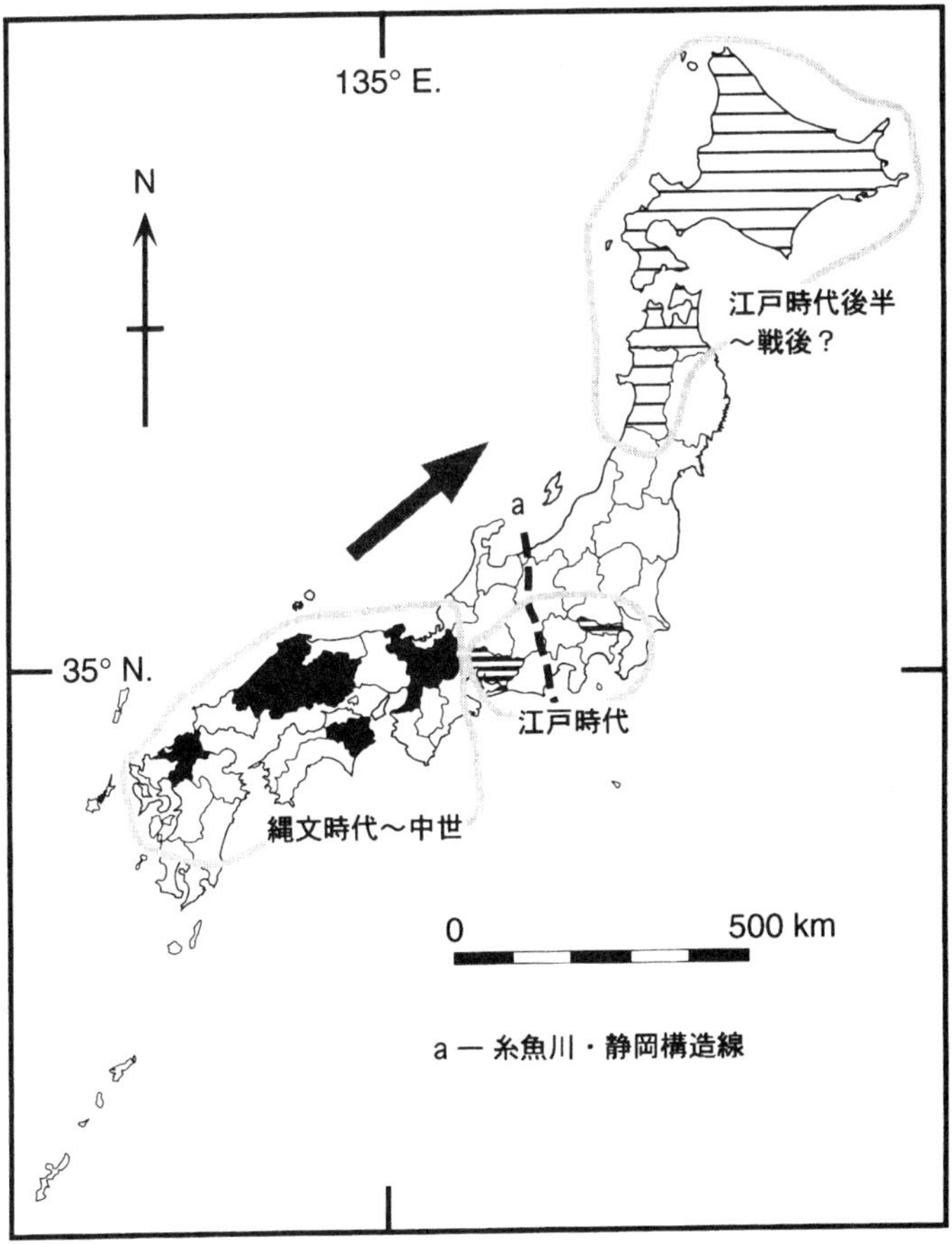

図 2　遺跡の魚類遺体、文献記録からみたナマズ属魚類の分布域の拡大
（宮本ほか, 2001を一部改変）

㈠　縄文時代～古代にかけてのナマズ属魚類の分布の中心は、西日本の平野部で、平野の地形発達史と関連があったものと推定される。
㈡　ナマズ属魚類の東日本（とくに関東）への分布域の拡大は、江戸時代の中頃で、人為による移殖がその要因と考える。
㈢　東北地方へのナマズ属魚類の分布域の拡大は、江戸時代後期以降の人為による移殖であると考える。
㈣　ギギ科魚類の分布は、現在の分布域とほぼ同じであったものと考えられる。

当初は、これまで行ってきた専門とは全く異なる領域を対象としたため、正直頭をかかえていた。しかしその戸惑いは、ほかの分野の研究者の知恵を借りながら調べ、ナマズが歴史的にも人と近い魚であったことが分かるにつれて、楽しさへと変わっていった。こういった対象は、自然のなかにはたくさんあると思う。今後も人と関係しながら形成された自然について研究したいと思っている。

琵琶湖産二種のナマズ報告の思い出

友田淑郎（北びわ湖自然研究室）

琵琶湖の魚に魅かれて

昭和三十二年（一九五七）の暮れのことである。京都大学の大学院一年目の終わりが近づき、私はようやく琵琶湖のフナを研究テーマに決めたところだった。当時、京都大学へ学位を申請されていた、東京・淡水区水産研究所の加福竹一郎《かふくたけいちろう》氏は、琵琶湖に固有なゲンゴロウブナが、ふつうフナが棲まない広い沖合の中層の環境に適応して進化したと主張され、動物学教室で注目されていた。私もこの研究にたいそう興味をひかれ、フナを研究する後輩として、動物学教室の先輩たちに、ゲンゴロウブナについて、また琵琶湖について、さらなる研究の手がかりを訊ねまわったのだが、当時の京大では琵琶湖の魚に直接関係をもつ人は一人もいなかったのである。そこで、大津にあった大学の臨湖実験所に出かけてみたのだが、そこはプランクトンや底生動物など、いわゆる湖沼学の研究センターで、「ここでは魚など生ぐさいものは誰も関係していない。漁業組合か水産試験場へでも行って訊ねたらどうか」と、にべもなく断られた。こうした成り行きから、私は大学をあきらめ、同じ浜大津にあった滋賀県の漁業協同組合連合会を訪れた。この古ぼけた建物で対応して頂いたのは『滋賀県漁業史』などの名著もある初老の伊賀《いが》敏郎《としろう》さんで、いかにも学識者らしく、年若い私を快く歓待され、どんな質問にも歯切れよく回答して下さった。――琵琶湖のフナにはゲンゴロウブナばかりでなく、三種類があって、それぞれ棲み場所が違っていること、さらに似た例ではホンモロコとタモロコ、スゴモロコとデメモロコ、ヒガイの三種類などがある―など、琵琶湖とここに棲む魚の多様性について強調され、ナマズにも三種類があることを教えられた。梅雨の末期の大雨のとき深い北の沖合から巨大なナマズが南湖へやってきて、岸辺で産卵するのだそうだ。「この大ナマズは頭の形がふつうのナマズと違うて細長く、その他にもいろいろ違いがあって、わしらが見れば一目で判るのじゃが、帝大の先生というものは頭がかとうて、わしらがいくら説明しても、〝否、同じナマズじゃ〟と言われて、どうしても聞き入れてくださらなんだ。」私は、旧帝大の先生（田《た》中茂穂《なかしげほ》氏）の頑固さに参っておられた伊賀さんの悔しそうな顔を忘れられない。私の心が、当時急速にナマズの研究に魅せられたのには、漁師への蔑視に対する義侠心《ぎきょうしん》が働いていたことにはまちがいない。

最初の出会い

翌年六月、フナの発育に一応成功した私は、今のJR湖西線の前身にあたる江若《こうじゃく》鉄道とバスを乗りついで、伊賀さんに教わったマキノ町知内《ちない》の柳森《やなぎもり》組合長を訪ねた。当時、知内では毎日コアユの地曳網《じびきあみ》をやっていて、「大ナマズはちょいちょい網に掛かりよる。獲れたら知らせるから来なされ。」と、たいそう歓迎された。大喜びで動物学教室へ帰ると、意外にも指導教官の徳田《とくだ》先生からお叱りを受けてしまった。「せっかくフナの研究が緒についたばかりなのに、何を嬉しがっているのか。大体そんな大きな魚がいる筈がない事ぐらい考えても判る。」徳田先生は当時新聞を騒がせていた、先生のライバルの今西錦司《いまにしきんじ》先生のヒマラヤの雪男の話を苦々しく思われていて、琵琶湖の大ナマズの話もこれと同類だから、馬鹿げたうわさに乗るな、という訳であった。しかし、それから一週間後、先生は渋い顔をして一通の電報を手渡された。──ナマズトレタ──。知内の柳森さんが岸辺の容器に飼っておいて下さった大ナマズは、それほど大きな方ではなかったが、私がこの魚と出会った思い出として忘れることができない。

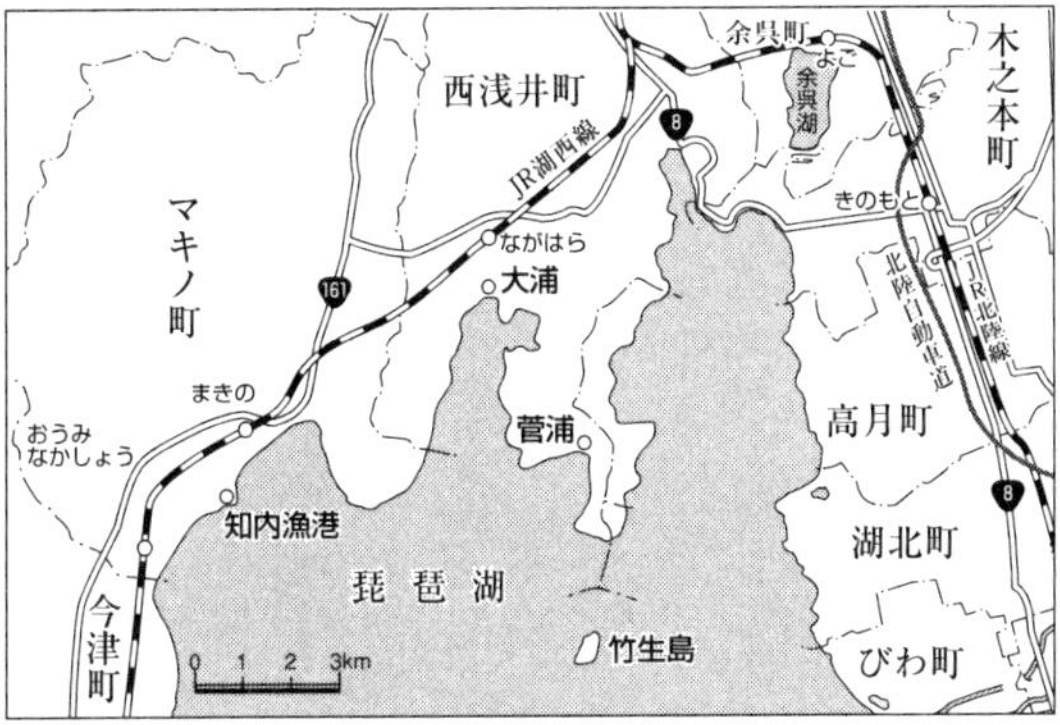

イワトコナマズ

　幸運は続いてやってきた。それは最大級の大ナマズが獲れたという、知内よりさらに北の大浦からの報せであった。その漁師は大ナマズを見せてくれたばかりか、遇々《たまたま》イワトコナマズのことが話題に上り、この村にイワトコナマズを獲っている兄弟がいると教えられた。

　こうして、まもなく磯崎《いそざき》さん兄弟の家に泊めていただくこととなった。漁師の仕事は朝早くから始まる。秋の朝五時、磯崎さんの二トンに足らない旧式（電気着火式）の船はエンジンの音を響かせて竹生《ちくぶ》島に向かった。昨夕、島に仕掛けた延縄《はえなわ》には黒いヒルがエサに付けられ、イワトコナマズが掛かっている筈だ。竹生島は岸が切り立っていて、五メートル余りの深さに落ちこみ、島に沿って狭い平坦面に囲まれている。この平坦面に沿って島の半ばに達する長い延縄が昨夕から仕掛られている。ところで、延縄漁は実に大変な作業である。イワトコナマズは大きな岩の間に棲んでいて、鉤《はり》にかかると延縄の側糸を引いて岩の間に逃げこむ。そこでナマズを得るには手早く延縄を鋏《はさみ》で切断し、すかさず小さなイカリを投げ込んで、引き込まれた岩の逆側から糸の続きを探り当てて、たぐり寄せるのである。ナマズを鉤から外すと、切断した延縄の続きとすぐに結びつける。このような作業は二尾に一回はやらねばならない。磯崎さんの手さばきはみごとと言うほかない。こうして捕獲したイワトコナマズはデメキンのように目が側方に突出し、頭が上下に薄く、一目でふつうのナマズと区別できるが、素人目には色彩が目立って異なっている。しかし、深みからとり揚げたときは前身がアメ色をしていて、斑紋《はんもん》もはっきりしない。しかし、船の生け簀《す》に暫く入れておくと、真っ黒の地に鮮やかな黄斑が浮き上がり、まるで別の魚のように見え、中には全身真っ黒の個体もある。こうして、この朝の漁獲は三〇尾を優に越した。

学会への報告

さて、琵琶湖特有の二種類のナマズは殊のほか早く片づいたのであるが、新種としてこれらを発表するとなると、日本の学会は永い間、目立つほど大きな魚を見逃してきたのであり、新米の院生にとって心穏《こころおだ》やかではなかった。当時、京大の動物学教室の主任をされていた宮地《みやじ》先生は、朝鮮で新種のナマズを発見された森為三《もりためぞう》先生に私の標本を一度見て頂くよう紹介して下さった。そこで、それまでに集めた標本を机の上いっぱいに拡げ、遠方からわざわざ来て下さった森先生にお目にかけた。さて、先生の判定であるが、――イワトコナマズはひげが長く、胸びれの先端を越すものもあり、明らかに別種である。しかし、大ナマズの方は別種と言えるのかな――。当時の魚の分類学者はよくこうした点に気を配ったのである。このほか、指導教官は相変わらず私のナマズの研究に渋い顔をされていて、私の勇気を挫くに十分だったが、先生の友人の渋谷《しぶや》先生にこっそり見て頂いたところ、――双方ともまちがいなく別の種だ。とくにイワトコナマズは別属《べつぞく》の可能性もある――と激励された。こういった事情もあって、最初の出会いから二年以上も過ぎてしまったが、宮地先生から、――何をいつまで躊躇《ちゅうちょ》しているのですか。新種に決まっているじゃないですか――と、早く片づけるよう尻を敲かれて、何とか記載《きさい》する決心をした。一九六一年のことである。

大収穫

さて、イワトコナマズの標本は最初からかなり豊富に入手できたが、大ナマズの方は簡単ではなかった。十分の大きさに達し、しかも新鮮な標本を幾尾か入手して、即座にホルマリン固定するという作戦は、年に一回と思われる産卵の機会を待つしかない。この年、西浅井《にしあざい》町菅浦《すがうら》に長く泊まり込んで産卵のチャンスを待った。幸い台風の通過で湖の水位が一挙に上昇し、ちょうどその日に竹生島で作業をして帰ってきた漁師が、島の岸辺に伐採して浮かせておいた材木に卵が一面に付着していたと報せてくれた。恐らく前夜の大雨のときに産卵が行われたのだろう。今夜だ！　村の青年三名に協力を求め、夜の九時に竹生島に向かった。当時は琵琶湖の透明度がよく、島の入り江に近づくと、アセチレンランプの光の中を二〇尾ばかり

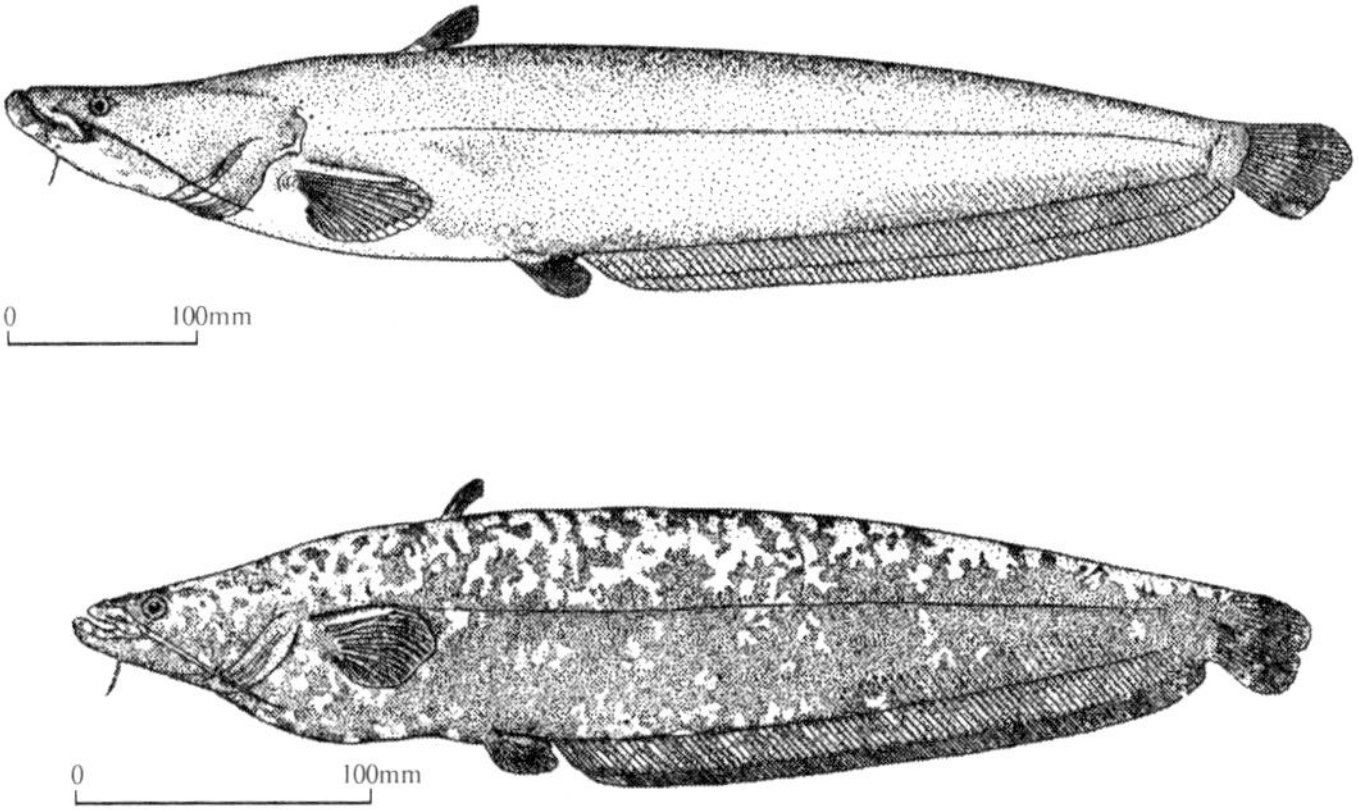

図１　新種報告された琵琶湖のナマズ２種
上：ビワコオオナマズ、下：イワトコナマズ
（Tomoda（1961）原図）

の大ナマズが体を輝かせて追いかけ合っているのが前方に見えてきた。ここからは船を進めるのに音を立てる櫓《ろ》を使うわけにはいかない。まず接岸し、島の岸から垂れ下がった蔓《つる》にすがって船を静かに静かに進める。そして舳に立った投網の打ち手が、絡み合った一群に大きな網を打った。一網に掛かったのは一メートル近い個体を筆頭に三尾であった。しかし、お陰で網は破れてしまい、あとはヤスを使うしかない。こうしてオオナマズ三尾と、さらに六〇センチもあるイワトコナマズも漁獲された。しかし、これらをホルマリンで固定するのに一寸苦労した。まず水中に大きなビニール袋を拡げ､中にホルマリン希釈液を十分入れて、持ち帰った魚を、一尾また一尾と収容し、半ば固定したところで別の容器に移していった。こうして、菅浦の村外れで合計六尾の魚を固定し終えた時には、すでに夜が明けていた。対岸の尾上まで船で送って貰い、汽車で京都まで大きな荷を運ぶのも大変だった。

和名について

最後に命名のことを付け加えておきたい。和名の〝イワトコナマズ〟の名称は、臨湖実験所に保存されていた江戸時代の文化年代に出た「湖魚考」という写本に基づいたのであり、漁師も現にイワトコナマズと呼んでいる。もう一つの大ナマズの方は、関東の利根《とね》川などで時に普通のナマズで一メートルの個体がとれると聞いたので、敢えて〝ビワコオオナマズ〟と名付けた（図1）。

文化のなかのナマズ―メコンとニューギニアの事例から―

秋道智彌
（国立民族学博物館）

私は、これまで実施したタイとニューギニアでの調査に基づいて、それぞれの文化におけるナマズの位置づけについて考察する。調査地は亜熱帯の河川と湖であり、雨季には水量が増加して周囲の土地が氾濫原となり、そこで、ナマズが産卵する世界が展開している。

最初に、少し概念的な話をしておきたい。人とナマズの「関わりあい」、つまり〝relationship〟の観点からすると、獲ること、食べること、儀礼などのさまざまな側面があることになる。そのうえで重要となるのは、そうした関係性を考える「場」であろうと考える。すなわちその場とは、具体的に人間とナマズが出会い、関わりが実現する河川や湖であり、あるいは琵琶湖ということになる。

図1　タイとニューギニアの調査地

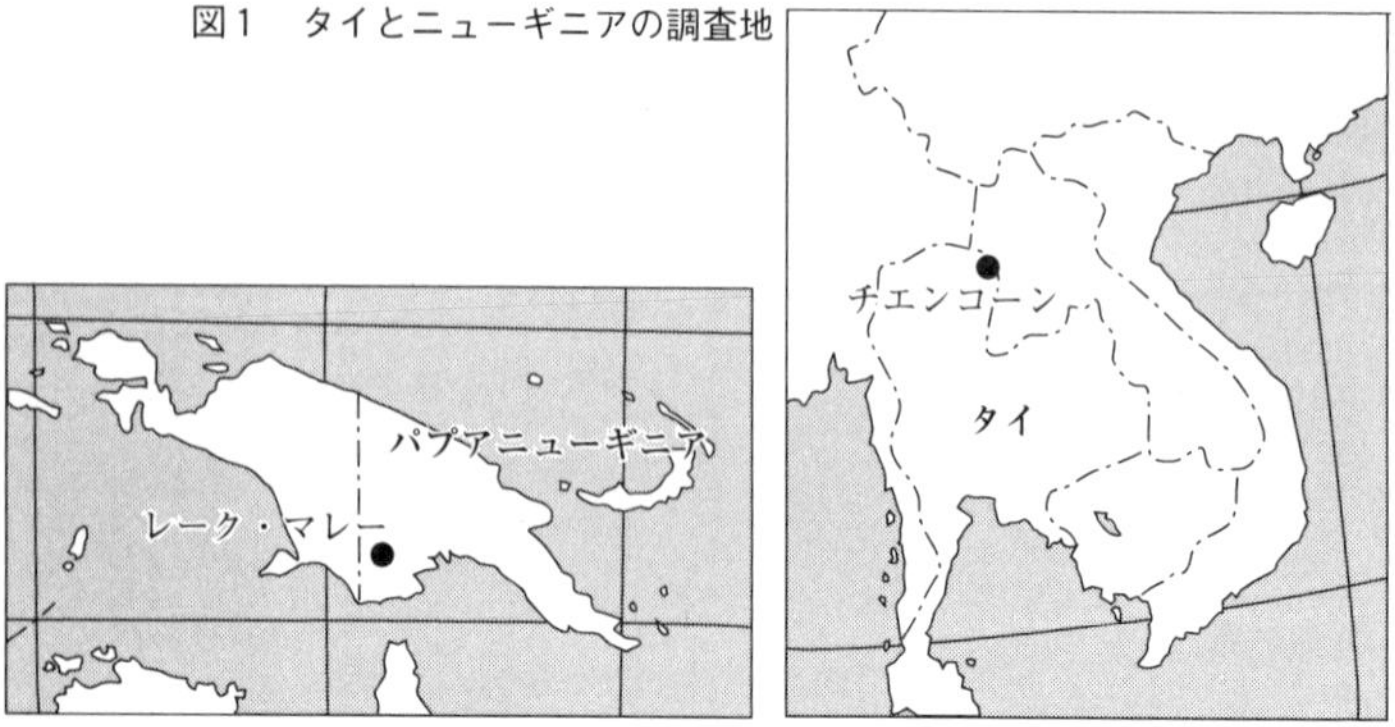

人とナマズの関わる具体的な場として取り上げるのは、最初が東南アジア大陸部のメコン河流域にあるタイ北部のチエンコーンである。メコン河をはさんで対岸はラオス領になっている。この地域では、プラー・ブック（pla buk）、つまり、体長三メートルにもなる大きなナマズが獲れる。学名は*Pangasianodon gigas*である。

もうひとつは、パプアニューギニアの南側を流れるフライ河中流域にあるレーク・マレーである。レーク・マレーは亜熱帯低地の湖であり、ここでもナマズが多く獲れる。ニューギニア島では、東西に延びる中央山脈を挟んで、太平洋に流出する北側のセピック河などと、南側のパプア湾やアラフラ海へ流出するフライ河などとでは、淡水魚の魚相がはっきり違うことが分かっている。中央山脈が生物地理学的な境界となっているわけである。

メコン河もフライ河も、その流域は亜熱帯モンスーン林を基調とする植生の地域であり、季節によって景観がずいぶんと異なる。

写真１　メコン河でのプラー・ブックの流し刺網漁

北タイ、メコン河のプラー・ブック

北タイでは平成八年（一九九六）に調査を行った。メコン河中流域といっても川幅はそれほどあるわけではない。対岸がラオス、手前がタイになっている。船に乗って河の上から対岸を見ると、人の動きが手に取るように見える。プラー・ブックが獲れるのは、春先の四月中旬に行われる仏教儀礼の一環としての水かけ祭（Water Splashing Festival）のころであり、乾季であるために河の水量が減っている。この時期に、メコン河で産卵のために遡上してきたプラー・ブックが獲れるわけである。

プラー・ブックは、三〇センチくらいの大きな網目の刺し網を河に流しながら獲る（写真1、2頁口絵上参照）。残念ながらこのときは獲れなかった。

琵琶湖には固有種であるイワトコナマズが生息し、おいしい魚とされているが、このプラー・ブックも大変美味な魚である。タイのバンコクなどでは、中国の故事にもでてくる諸葛孔明《しょかつこうめい》にちなんで、

写真２　漁業クラブのメンバーの着用するＴシャツ。プラー・ブックがデザインされている

孔明魚という名前で市場に出回っている。値段も高く、メコン河中流域の漁民の人びとが必死で獲る動機ともなっている。

この漁業に従事する漁民は、プラー・ブック漁業クラブという一種の互助組織を作っている。そして、クラブのメンバーは、おそろいのＴシャツを着ている（写真２）。プラー・ブックを獲るときのさまざまな規則、口明けの期日とか、網を入れるくじ引きの順番を決めたりする。クラブは、日本の漁業協同組合のような役割をもっているわけである。

ところが、プラー・ブックの漁獲量は獲りすぎのためと推測されるが、近年、急激に減少してきた。一方、政府の農業協同組合省などが中心となり、昭和五十八年（一九八三）からは人工孵化事業を進めている。養殖池で人工孵化による増殖をやってきたわけである（写真３）。

チエンコーンの近くにある水産試験場の養殖池で、プラー・ブックが養殖されており、体長が一メートルちょっとくらいまでに育てることに成功している。

写真4　養殖されたプラー・ブック。すでに口腔内の歯は消失している

写真3　カセサート大学にある水槽で飼育されているプラー・ブックの若年魚

このくらいの大きさの個体では、歯が消失している（写真4）。しかし、幼魚の時代には歯があり、成長とともにプラー・ブックの食性は大きく変わってくると思われる。依然として、その生態には不明な点が多い。

プラー・ブックには伝説がある。メコン河をさかのぼり、中国雲南省の大理近くにある洱海《じかい》という湖まで到達して産卵するという話がそうである。メコン河では、ナマズ以外にもさまざまなコイ科の魚が産卵のために回遊している。メコン河から支流に入って産卵することもある。その途中にダムなどがあると、もうそれ以上、上流には行けなくなる。いずれにせよ、プラー・ブックの生態がまだ全面的に解明されていない段階で、メコン河の開発が進行している。こうしたなかで、漁獲量の減少という深刻な事態が起こっているのが現状である。そのために養殖して増やそうとする事業が進められてきたわけである。

平成十一年（二〇〇一）夏、秋篠宮殿下と御一緒したラオス調査の帰りにバンコクでカセサート大学を訪問した。その時に、農業協同組合省や大学が、人工孵化により生まれたもの同士を交配して繁殖に成功した二代目のプラー・ブックの若年魚を見た。しかし、水槽の中にいる三〇センチ足らずのプラー・ブックの三割ほどは背びれが曲がっていたり、あるいは欠損していたりなど、異常が認められた。人工孵化のもつ問題点は明らかであり、プラー・ブックと人間との関わりあいは、現在大きな転換点にあることが分かった。

レーク・マレーのナマズ

つぎはニューギニアの例である。レーク・マレーは、乾季と雨季とでメコン河と同じように水位が非常に大きく変わる。乾季になると、湖が浅くなり、湖底はほとんど無酸素状態になる。季節の変わり目に、死んだ魚が大量に浮いたりすることもある。

レーク・マレー周辺の人びとは、サゴヤシからデンプンを採集し、動物タンパクを入手するために狩猟と漁撈を行って生活している。農耕地はまったくない。かれらは、湿地の採集狩猟民とでもいうことができる。この地域では、細い籐《とう》を使って、円錐形の小さな筌《うけ》を

写真5　籐製の筌で、ナマズを獲る漁具。これは延縄式ではなく、棒につけて浅い湖底に刺して使う漁具である

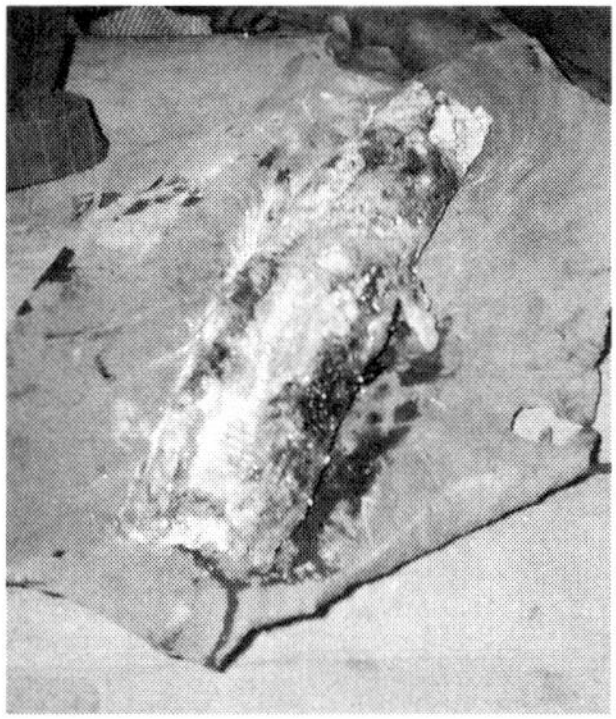

写真6　ハスの葉にサゴヤシ・デンプンとナマズの中落ちを入れて焼いた「春巻」

作り、その中に虫の幼虫をエサとしてひもに付け、湖の浅瀬に沈めてナマズを獲る漁法が発達している（写真5）。筌は、五〇～一〇〇個、延縄《はえなわ》状にして使う。それ以外に、ナイロン製の刺網をナマズ漁に使う。そのさいに、植物の毒成分を利用して魚を麻痺させる方法が併用されることもある。

レーク・マレーには、独特のナマズ料理法がある。ハスの葉にサゴヤシの粉をひろげ、ナマズの肉片を入れてハスの葉を巻いて筒状にし、これを直火で焼いたり蒸し焼きにする。この調理品一本で、だいたい八〇〇グラムくらいの重量がある。サゴヤシは一〇〇グラムで二〇〇キロカロリーとエネルギー価が高く、ナマズの肉でタンパク質を摂ることができる。彼らにとって重要な食物となっているのが、サゴヤシとナマズの「春巻」である（写真6、2頁口絵下参照）。

レーク・マレーでは、だいたい一〇種類くらいのナマズが獲れる。ヒレナマズの仲間には、産卵時期になると大きな群れをつくるものがあり、この時期には大量の漁獲を期待することができる。海に下るギギの仲間も生息し、大きさが七～八キロになるものもある。あ

写真7　レーク・マレーのウスコフ村。早朝に網にかかったナマズ（手前と奥）とナーサリー・フィッシュ（右下と中央）

と、ナマズではないが、ナーサリー・フィッシュ（nursery fish）と英語で呼ばれる奇妙な魚が生息している（写真7、2頁口絵参照）。オスが額上部の「かぎ」に卵をつけて子を育てる。口の中で稚魚をそだてる魚もいる。湖は、多様な生物を育む場となっているのである。

レーク・マレーの人びとは、基本的に自給的な暮らしをしている。しかし、まったく外界と隔絶されたというわけではない。たとえば、村のなかにつくられた池では、ワニが養殖されている。湖でワニを獲り、ワニの皮を商品として売っていたことが分かった。ワニを養殖するさいに、ナマズの肉を餌にしていた（写真8）。そして、三枚におろした残りの中落ちの部分を人間が食べている。ワニの皮が現金収入源になるためであり、自給的な経済にワニを養殖する換金経済が入ってきたわけである。ワニの養殖が開始されたことにより、ナマズの肉は人間の食料ではなく、ワニの餌に変化しつつある。興味あることに、育てたワニの肉は人間が消費し、皮は商人に売られる。いつからこのようなことがあったのかは定かでないが、少なくとも、第二次大戦前までさかのぼることができると考えられる（写

写真8　魚の切り身を、養殖しているワニに与える

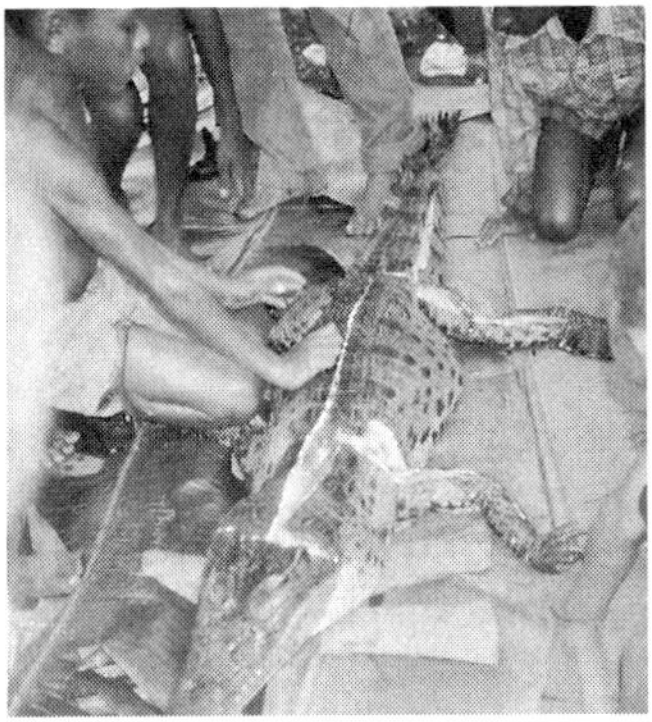
写真9　湖で網により捕獲されたワニを解体する

真9)。

あと、レーク・マレーと人びととの関わりについて、注目すべき変化が近年起こってきた。問題の発端は、湖で獲れた魚に異常が見つかったことである。ナマズの筋肉が溶血していたことが判明したのである。その原因がよく分からないということで、人びとの間に不安が広がった。

私もその原因について調べてくれと依頼されたが、その場では何ともしようがなかった。その要因について、フライ河の上流部にあるオク・テディと呼ばれる鉱山から毒となる廃液が流されたからだ、と考える人びとが多くいた。いずれにしても、湖の汚染に関連した環境問題がレーク・マレーにすむ人びとの暮らしのなかで急激に表面化してきたわけである。

また、一九九〇年代からは、商業的な漁業が導入されるようになった。オーストラリアからの商業船がレーク・マレーにきて、人びとに網を貸し与え、その網で獲れたバラマンディ(日本のアカメとおなじ仲間の回遊性魚類)を大量に買い付けるビジネスがはじまっ

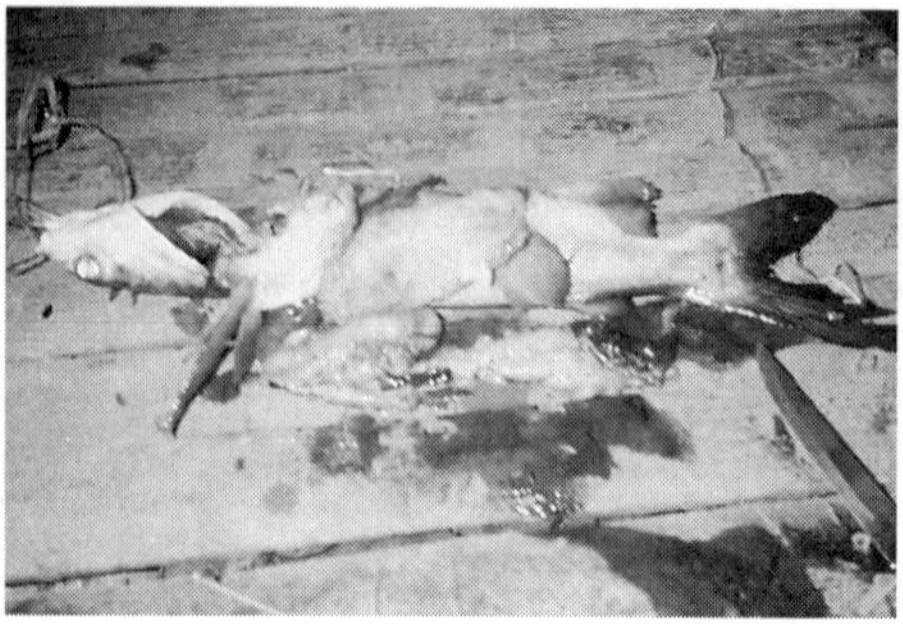

写真10　溶血したナマズ。このような例はかつてなかったという

たのである。獲れた魚を船に運び、そこで計量して売り、現金を受け取るやり方で、漁民はその場で船に積まれているかんづめ、米、タバコなどを買っていた。人びとは自給的な経済から一挙に現金経済に引き込まれるようになった。それがいまから一一年ほど前の話である。

ナマズに見る観光化と商品化

以上のことに加えて、いくつかの事実からさらにどのようなことが明らかになるだろうか。まず、タイのプラー・ブックは、人間と多様な関わりあいをもっている巨大な淡水魚であり、美味なことでも知られている。その生態はよく分かっていない。この魚が乱獲で絶滅に瀕する生物の商取引きを禁止するためのワシントン条約に抵触する現状で、その捕獲をめぐり、人びとは大漁を祈願する精霊儀式をやりながら、一方では観光化に対応した世俗的な儀礼を行なうようになった。それから、人びとは漁師クラブを作って、資源管理をやってきた。また、政府レベルではプラー・ブックの人工孵化に

写真11　メコン河では、観光化された形で、水かけ祭の水上パレードが挙行された

よる養殖事業が推進されてきた。このように、プラー・ブックをめぐって、地域住民だけでなく政府も積極的に対応している。さらには観光客にたいして、地元の漁師クラブの人びとは新たに儀式を創り出した。このように、地域と国家が一緒になってナマズとの関わりをもとうとしていることが分かった。

それから、ニューギニアのレーク・マレーの例であったように、魚に異常が見つかった。そのことをどうとらえるかという問題で、たいへん興味のあることが分かった。まず、皮膚の異常やちょっとした腫瘍《しゅよう》が見つかった。なぜそのようなことが起こったと考えるのか、と聞いてみると、おそらくワニか水鳥に噛まれた傷跡であるとか、その腫瘍を表すガヴァブという言葉は人間の病気にも使うように、単なる病気だと人びとは考えていた。

昔からあった魚の「異常」として、琵琶湖などでもよくあるように、魚が浮くとか、たくさん死ぬことがあった。そのさい、これは水位の変動で起こる自然現象であると考える人もいるし、他方では女性の月経の血が混じり、水が汚染されるからだというような伝統的な価値観に依拠して、魚が死亡すると考える人もいる。

ところが、ナマズの筋肉に溶血が見つかった（写真10）。最初、その理由はよく分からないと人びとは考えた。しかし、その理由が川の上流部で行なわれているオク・テディ鉱山の開発のせいにされたのである。すなわち、日本でもかつてあった足尾銅山や水俣病のように、訳の分からない魚病の原因が、鉱山開発にあるかもしれない。つまり、外部要因によって自分達の環境および魚が侵された、と人びとが考え始めたのである。

タイでは商品化の進行するなかで、ナマズが減少し、一方では国家が養殖事業に関与し、あるいは観光化の中で地元の人びとが新たな道を模索している（写真11）。他方で、文化の中で神話的な祖先として扱ってきたナマズを養殖ワニの餌にしたり、ナマズの異常を、公害や経済発展などのせいにしてしまっている、ということである。

多様な形での人間とナマズとの関わりあいを「場」という形で考えると、その「場」のなかにおける歴史・地域・文化あるいは政治・経済とかを総合的に考えていくことが必要であろうということが大きな帰結となる。この「場」の認識こそが、“relationship”とか“reality”を考察する場合には不可欠ではなかろうか。

ナマズはどのように描かれてきたか？——本草学から鯰絵まで——

北原糸子（東洋大学）

ここで考えることは二つ

ナマズの絵から何を読み取るかということについて、ここでは、とりあえず二つの方向から考えていきたい。まず、実際にナマズを観察して描かれてきた絵の流れを掴むために、本草《ほんぞう》学という今は耳にすることのない学問体系のなかで描かれたナマズをいくつか観察する。そして、つぎに、観察されたナマズではなく、それに託して何かを伝えるつもりで描かれた鯰の絵の代表として安政江戸地震（一八五五）の時爆発的に発行された「地震鯰絵」を取り上げる。最初の本草学は近世初期、後の方は幕末だが、これら二つの流れが交錯し、それまでにない新しい見方や考え方が作られていくあり方を考える。要は、ナマズの絵から読みとることのできる歴史的、文化的問題を考えてみようというわけである。ここで、本草学におけるナマズは片仮名で表し、鯰絵の鯰は漢字で表記することにする。

本草学のなかのナマズ

本草学は神農《しんのう》がその創始者といわれているくらいだから、起源を探れば、当然人間が摂取した食物の起源に遡ることになり、大変古い時代のことになる。しかし、ここでは、こうした分野が学問的な体系を整えた時期以降のことを問題としよう。李時珍《りじちん》の『本草綱目《こうもく》』が十六世紀末に中国で成立すると、時をおかずに、一六〇三年には日本に輸入され、早速、家康に献上されたといわれている。また、それ以後長い間日本でもこの書物に載る本草（薬品）について、それが日本ではどの本草にあたるのかについて考察を加え、実地の調査に基づく内容を盛り込んだ注釈書がぞくぞくと出版された。

　写真1は李時珍の『本草綱目』に描かれるナマズである。ナマズは〝鮎魚〟と表記されている。この鮎魚という字は、日本語では鮎《あゆ》を指すが、音の〝ネン〟が粘々《ねばねば》したという意味を表すことから、ナマズに付いた粘々したねばっけを表わすとされ、この時代にはナマズを表す漢字であった。日本で数多く出版された『本草綱目』の漢学系の注釈書では鮎魚はナマズを指した。他に鯷魚とも書かれる。鯰という文字は国字であって、漢学系の本草書では使われていない。

　初期の注釈時代から時代が下り、十七世紀の中頃には、漢字に和名の読み仮名がふられるようになる。写真2は中村惕斎《てきさい》という京都の学者が女・子供にわかるようにと出版した絵入り百科全書である。実際には女・子供だけが見たわけではないだろうが、本草学だけではなく、当時の京都町人

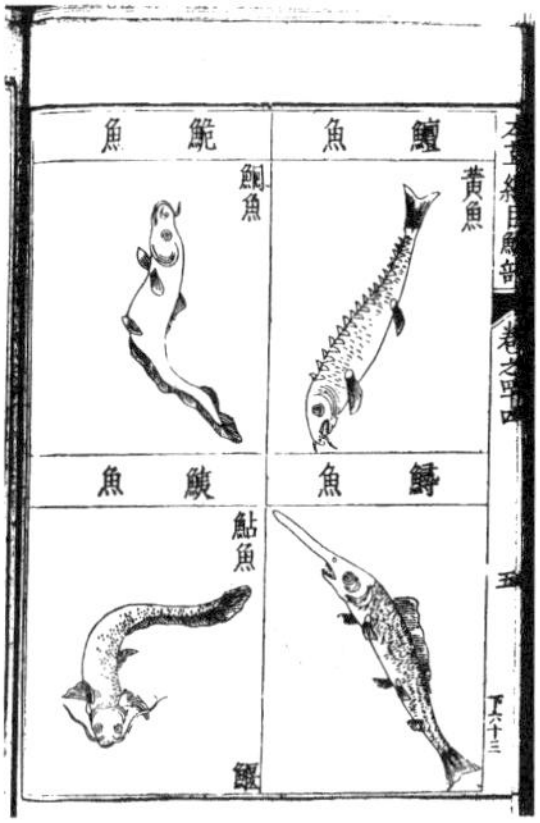

写真1　『本草綱目』(甲南女子大学図書館「上野文庫」蔵)

写真2　『訓蒙図彙』(甲南女子大学図書館「上野文庫」蔵)

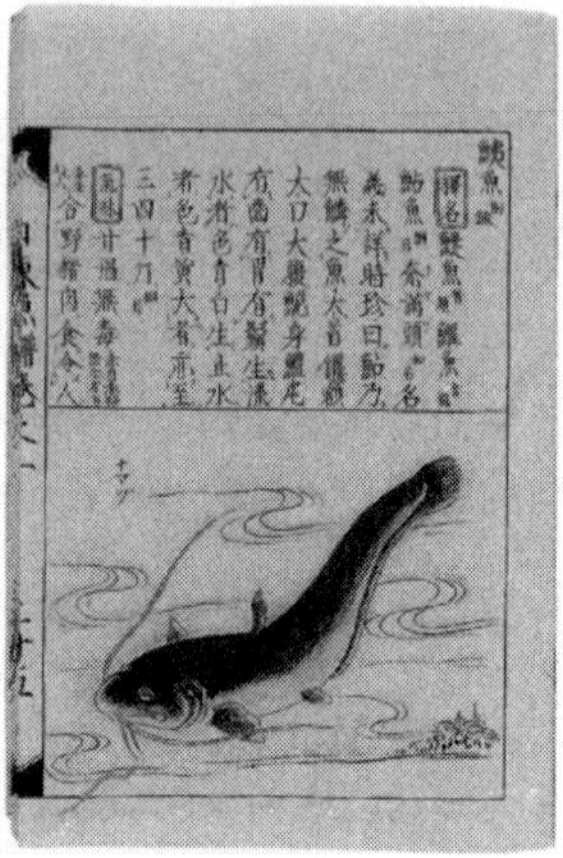

写真３　「日東魚譜」（国立公文書館内閣文庫 蔵）

の教養として必要とされる一二〇〇項目に及ぶさまざまな事物が絵入りで説明されている。ナマズに限らず、こうしたものが盛んに出版される過程で、ナマズも徐々に洗練された描かれ方がなされてくる。ただし、著名な貝原益軒《かいばらえきけん》の『大和本草《やまと》』の付図にはナマズは残念ながら登場しない。

さらに時代が下り、十八世紀の前半に「日東魚譜」という魚だけを対象にした絵入り魚譜が、神田玄泉という江戸の町医者によって出版された。魚譜の成立としては最初のものとされ、魚譜の体系化として意義をもつ重要なものといわれている。ただし、当時出版されなかった。写真３は、「日東魚譜」のナマズの項である。この書物は、物産学を奨励し、また学者に命じて全国の産物調査をさせた八代将軍吉宗への献上本で、現在国立公文書館内閣文庫に保存されているものから撮られた写真である。

この書物で解説されているナマズの生態が正しいかどうかは、専門外の筆者にはわからないが、重要なことは、十七世紀の末に、食物を中心に本草学を体系化した『本朝食鑑《ほんちょうしょっかん》』という書物に、ナマズは琵琶湖の周辺と淀《よど》川、それから諏訪《すわ》湖ぐらいにしかいないと記されており、神田玄泉はそれをうけて、関東、少なくとも江戸においては、享保十三年（一七二八）の大洪水によって、関東にナマズが出現したと書いている。

さて、こうして魚譜が体系化され、各地の産物が調査される動きは幕府ばかりでなく、それぞれの藩内でも独自に取り組まれる傾向が一層進展する。琵琶湖についても彦根藩で産物学の編纂が着手された十九世紀初めに、彦根藩主が小林義兄《よしえ》という藩士に命じて琵琶湖の魚を調べさせ、「湖魚考」という書物にまとめさせている。この絵図部分は藤井重啓に命じられ、「湖中産物図證」として完成された（写真4）。この二つの書物はともに出版されていないが、現在、多くの写しが残されている。このことは、十九世紀の初め頃には、実際のものをみることができなくても、こうした書物を通じてものを認識することが藩主とその周辺の人たちだけでなく、さらに一般の人たちの間にも拡がったということを意味する。

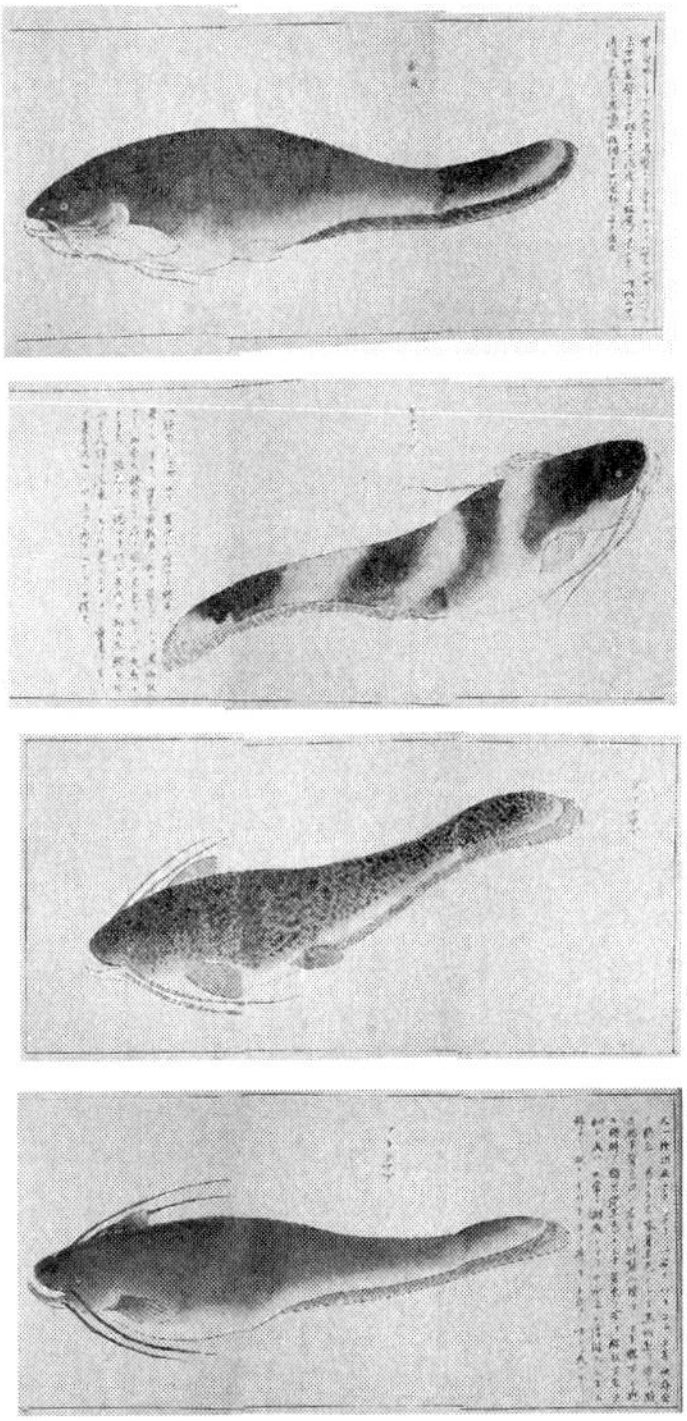

写真4　「湖中産物図証」（甲南女子大学図書館「上野文庫」蔵）のナマズ。上から順に鯆魚、キナマズ、ゴマナマズ、アカナマズ

博物学へ

日本では、アルコール漬けで生物を保存し、観察するという技術が開発されなかった代わりに、すでにこの頃までには、事物を正確に描写する訓練を受けた御用絵師《ごようえし》あるいは町絵師が植物、魚、鳥などの特徴を的確に捉え、絵に表すという伝統が深く根付いていた。花々の美しい色合い、みずみずしい葉やしなやかな茎の描写、美しく照り輝く鱗や魚眼など、生きているがごとき状態を絵に

写真5　『猿猴庵随観図会』（国立国会図書館蔵。滋賀県立琵琶湖博物館5周年記念企画展示「鯰《なまず》—魚がむすぶ琵琶湖と田んぼ」展示解説書より転載）

留めることが文化的風土としても合致していたのである。

　またそれは、本草学が民間に定着し、当時における新しい形の自然の認識学である博物学へと展開していく時期と符号する。当時は、同じ志をもつもの同士が自慢の物品を持ち寄る物品会とか物産会と呼ばれる結社の活動が活発化する時期でもあった。

　その方面で先駆的な仕事に手を染めた平賀《ひらが》源内《げんない》は、全国の同好の士に呼びかけて五回もの会合を江戸で開き、集まってきた珍しいものを絵入りで紹介し、本に仕立てて売り出している。大坂でも、名古屋でも年中行事となって、非常な大衆的に人気を博した。文政十年（一八二七）に熱田《あつた》でシーボルトと感激的出逢いをした名古屋の博物学者たちのなかからは、シーボルトの鳴滝塾で学ぶ伊藤圭介などを生み出した。次代の科学を担う人材を排出する芽を創り出す結果ともなった。

瓢箪鯰と要石鯰

　しかしながら、江戸時代に鯰が活躍したのはこうした学問上の系譜だけではなかった。

　写真5は瓢箪《ひょうたん》を押さえる鯰の作り物である。明和四年（一七六七）に名古屋の大須《おおす》観音の祭りに奉納されているスケッチである。

　宮本さんによれば（55～66頁参照）、近世期の中期まではナマズの分布は糸魚川《いとい》—静岡構造線を形成するフォッサマグナ地溝帯までとされ、それ以東にはいなかったということである。そのことについて、動物考古学的手法を使って証明されるはずである。名古屋はナマズの分布からいえば、西の文化圏に入る。そのことは文化的風土の面からも妥当なことだと思われる。名古屋辺りまでは鯰の作り物でも、鯰絵でも、瓢箪と鯰がセットとなって描かれる。瓢箪と鯰といえば、琵琶湖の大津の土産物として有名な「大津絵」のモチーフがある。「大津絵」は十七世紀はじめ、大坂の石山寺あるいは京都を追われた本願寺宗徒の職人集団が大津宿に定着し、生活の糧に大津絵を土産物にして売りさばいたことがはじまりだといわれている。息長い人気は、水難の防止の護符として庶民の生活の中に位置を占めていたからだという。

写真６　安政東南地震の際に大坂で発行されたかわら版地震誌『地震世直草紙』の表紙の瓢箪鯰（東京大学地震研究所 蔵）

　写真6は安政元年（一八五四）の津波を伴った大地震の時、大坂で出されたかわら版の表紙絵である。『地震世直草紙《よなおりぞうし》』と書かれているが、世直しとは、世が直るという意味に懸けているが、関西地方での地震除けの呪文でもある。これには、瓢箪が鯰を押さえる絵という、両方ともつるつる、ぬらぬらしていて、実際にはあり得ないことが絵のモチーフになっている。不可能なことを可能にすることが託されているのかもしれない。

　ところで、この安政元年の地震津波では大きな被害の出なかった江戸では、翌年安政二年（一八五五）に大地震が起き、多数の死者や家屋の倒壊が出た。この時、鯰が石で押さえ込められている図柄で著名な地震鯰絵が多数出版された。こちらの方は地震を起こした鯰は瓢箪ではなく、鹿島大《かしまだい》明神《みょうじん》が要石《かなめいし》をもって鯰を押さえているモチーフ

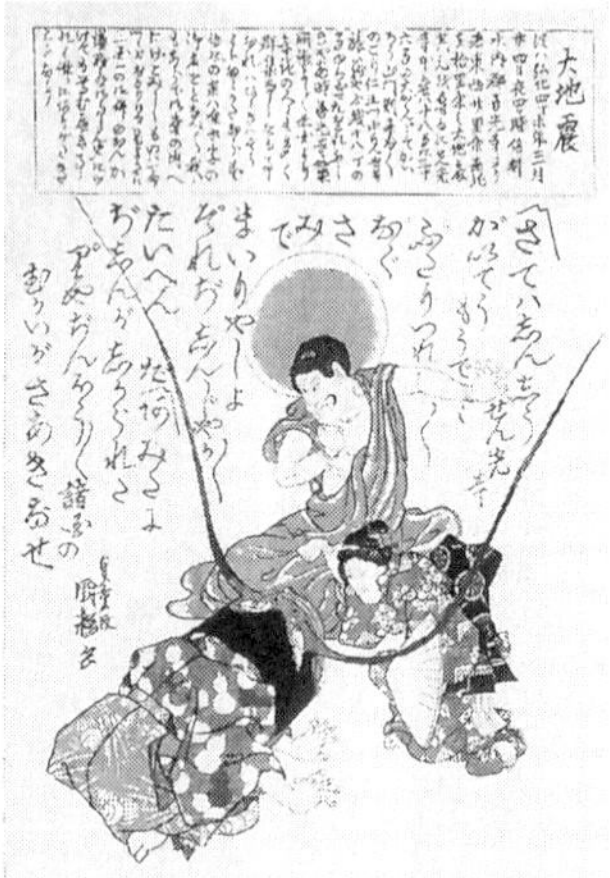

写真８『善光寺の地震鯰絵』（長野県立歴史館 蔵）

が圧倒的に多い。写真7は地震の被害を受けた人々が地震鯰をこらしめているものである。

では、地震を留めるのは、瓢箪や要石だけかというと、それだけではない。弘化四年（一八四七）の善光寺地震は七〇〇〇人以上の人が亡くなったという大災害であったが、この時には善光寺の阿弥陀如来が地震の留め役になって鯰絵に登場する（写真8）。この部類の絵は江戸地震の時のように多数出版されたわけではなく、現在三点ほどの地震絵が確認されているにすぎない。しかし、これ

写真９　小島濤山『地震考』にのる地震虫をかたどる伊勢暦。俗間に地震鯰という説のあることも述べるが、それ以前の説として龍だという説のあることを紹介している（東京大学地震研究所 蔵）

らの事例からわかったことは、地震が起きれば、必ず要石や鹿島大明神が登場するわけではないということである。

　ということは、地震鯰として、鯰、鹿島大明神、要石という三点セットの図柄は、江戸において人気のあった絵柄であり、江戸が地震で崩壊したという衝撃が呼び起こしたイメージだということである。したがって、鹿島大明神、要石は、江戸で起きる地震の留め役として神通力《じんつうりき》があると考えられていたということになる。鹿島神宮も要石もその存在は古いが、地震に神通力があるというイメージが託されるようになるのはそれほど古いことではなく、せいぜい十九世紀に入ってからだとする説がある。

　では、鯰はどうか。地震を起こすものとしてのイメージは古い。すでに天正《てんしょう》地震（一五八六）を経験した豊臣秀吉が伏見《ふしみ》城普請《ふしん》について、鯰の起こす地震に対しても堅固な城造りをするようにと書状に書いている。地震を起こすのは鯰ではなく、実は龍だという説もある。龍の異様な姿態には、実在しないがために高い異能力が託されてきた。姿態の類似、実在する動物として鯰が龍のイメージに重ねられた経緯も類推できる。地震鯰絵は、実は、日本列島を取り巻く「竜絵」に属するという考え方に立てば、鯰絵の始源はさらに古く鎌倉時代の伊勢暦《いせごよみ》に発するという考えも成立するのである（写真９）。しかし、地震の留め役はすでにのべたように、人々の想像力によって創り出されるものであって、時代や場所を背負って登場するのである。

地震の留め役は存在したか？

ナマズが地震を起こすという寓話は古くからあったとしてよいだろう。しかし、地震を留める力は、時と場所によって神や仏、あるいは瓢箪や要石が登場して、絶対的に有効な留め役というものは存在しなかった。つまり、地震が発生した時と場所に応じて、人々が最も有効と考える存在を浮上させているのである。このことは留め役こそ時代や場所性を背負う存在であり、日本古来の神々や尊い仏が登場したからといって、それが古来からの地震の留め役だったと考える必要はないということである。したがって、さらに逆説的にいえば、歴史的にみて、いかなる存在も地震を留めることはできなかったということでもある。これは現代のわたしたちが抱える重大問題でもある。

如拙筆『瓢鮎図』の推理

吉野裕子（民俗学者）

諷刺画としての「瓢鮎図」

国宝「瓢鮎図《ひょうねんず》」（禅僧如拙《じょせつ》筆、十五世紀初頭）は、足利四代将軍、義持（一三八六―一四二八）の座右におかれていた小屏風、あるいは衝立《ついたて》で、妙心寺の塔頭《たっちゅう》、退蔵院に伝えられて来た水墨画である（写真1、1頁口絵下参照）。

この画には、当時の禅宗の最高峰、大岳周崇《たいがくしゅうそう》による序文、及び彼を含む錚々《そうそう》たる三一人の禅僧の詩が賦されている。

この画の構図は、まず中央に一人の男がいる。人物はこの男だけ。彼はこれ以上の粗服はないと思われる程の破れ衣をまとっているが、この着物とは不釣合に小太りで、人相は卑しい。両脚を大

写真1　「瓢鮎図（部分）」（退蔵院 蔵）

地に突張り、両手で一個の瓠《ひさご》（瓢簞《ひょうたん》と同義）を抑《おさ》えながら、その瓠で目の前の流れを無心に行く小さいナマズ（日本では鯰と書く）を狙っているようである。

この瓠には浮力があって、ともすれば男の手から離れて、上へ上へと行く気配である。内側が空洞の瓠は、その浮力を買われて古昔、大海をわたる舟にはいくつかの瓠がくくりつけられたという。しかしそれは水中での話、この画の中では宙に浮くはずのない瓠が、浮き上る。男はとかく浮き上り勝ちのこの瓠を両手で抑えながら、一方ではその瓠でもって目の前を行くナマズを、取り込もうとしているようである。しかし、なかなかこの男の願いは、成功しない。

男は小首を傾けて、その目的が達せられないのを何か不審《いぶか》っているかに見える。

この男の立っている地面の形も何か普通ではなく、あえていうならば男の前をスイスイと行く小さなナマズの姿に相似で、大ナマズといいたくなる。要するにこの絵の中には大小のナマズが同居している訳である。貧しげでありながら肥りかえっている男。虚空の中を上へ上へと上る気配をみせている瓠。互いに相似の大小のナマズ。

以上を総合すると、これは絶対にただ普通の現実描写の画ではない。

また、この画は将軍から新様《しんよう》によって描くよう命ぜられたというから、その題材は唐土や日本の神話伝説などに求められている訳ではなく全く独自の新様式に拠《よ》っていることになる。

とすれば、この画の帰属するところは「諷刺画《ふうし》」以外にはない。

しかもこれは天下人たる将軍の座右におかれていたものというから、当然、その諷刺のテーマも卑近な市井《しせい》の一些事などではなく、必ず天下国家に関わる大事と思われる。

それではそれは何の諷刺であろうか。その推理のためには、この場合二つの背景を考える必要がある。

それは、
①特にこの画の製作を命じた将軍義持の生涯。
②ここに描かれている人物、物、事などに仮託されている何か、ということになろう。

将軍義持の生涯

義持は義満の長男、すなわち嫡子で、義満が応永元年（一三九四）将軍を辞し、太政大臣に就任すると同時に、第四代の将軍職をつぎ、生涯、その要職にあった。

こうしてみると表面的には順当な一生であり、事実、義満死後の足利幕府はその最も充実した時期を迎える。しかし義満在世中は、将軍とは名ばかり、実権はすべて父の手中にあって、義持の出る幕はなかった。要するに義満にしてみれば、将軍職をあっさり義持に譲ったのも、自分には大きな野望、すなわち「治天《ちてん》の君《きみ》」という目標があったからで、すべてはただ、それに対する布石に過ぎなかったのである。

この「治天の君」については、今谷明著『室町の王権』（一九九〇）の中で、

院政とは十一世紀末、一〇八六年に退位した白河上皇に始まり、以後三〇〇年間つづいた体制で、実権をもつ上皇が執政し、この実権者を「治天の君」とよんだ。ここにおいて「天皇」は「治天」となる者の見習期間に過ぎず、実質的意味は全く失われた。

と説明されている。

こうした父の下にあった義持の日常の中でも、彼をおそった最大の屈辱は、応永十五年（一四〇八）二月八日～二十八日の後小松天皇北山第行幸における義満の義持に対する処遇であったろう。

しかしそれを記す前に、必要なのは、この行幸に先行する義満の「治天の君」志向と、その実現に対する一連の策謀をみておくことである。

応永十四年三月、義満の正室、日野康子は後小

松天皇の准母《じゅんぼ》として参内、天皇と対面した。これは必然的にその夫、義満も天皇の准父と等しい地位についた訳で、この事実の内外に対する宣伝と、義嗣立太子の予告が、北山第行幸の狙いであった。

後小松天皇の北山第行幸はその翌年三月八日から二十八日迄、二一日間に亘る一大盛儀で、祝宴につぐ祝宴、演能をはじめ、諸種遊芸の夥しい催し、という一大イベントであった。

とりわけ行幸の第一日目、義持より一〇歳近くも年下の弟、義嗣は、関白よりも上席につき天皇の賜杯をうけた。すべては人々の耳目を驚かす未曾有の儀で、一方の将軍義持はその間、つまりこの行幸の期間中、陪席《ばいせき》も許されず、都の警備に当らせられていたのである。

この翌月の四月二十五日、義嗣は内裏《だいり》で元服するが、これは親王元服で、立太子の礼に準ずるものとされる。

この義嗣元服の三日後、義満は病に倒れ、五月六日死去。義満の野望はあえなく壊滅した。義満死後、室町第では宿老会議が開かれ、将軍義持(二十三歳)に忠誠を誓うこと、又、義満に対する朝廷からの太上法皇の尊号宣下《せんげ》の辞退、を決議した。

尊号辞退は要するに義満の皇位簒奪《さんだつ》計画に対する足利幕府側の批判票の現れで、しかもその中心が他ならぬ将軍義持だったのである。

〜　〜　〜

義持にとって義満は正真正銘の実父である。しかし肉親間の反目・憎悪は、場合によっては他人に対するそれよりも反って増幅されることがある。父、義満によって演出された後小松天皇の北山第行幸の一件が、義持にもたらしたものは、終生、肝に銘じて忘れ去ることのできない屈辱感であった。その恨みを片時も忘れ去らぬための仕掛《しか》け、それがこの「瓢鮎図」ではなかったろうか。

既に彼の心中には父にたいする尊敬の念は一片もなかった。

あるものは只、恨み、怒り。或いは既にそれらを超えた蔑《さげす》みと憐憫《れんびん》のみ。

さらに禅門に深く帰依《きえ》していた彼の目には、俗世の俗人の野望ほど、醜く、且つ愚かしいものはなかったに相違ない。

義持は禅僧にして且つ画人として聞こえていた如拙を招んだ。義満における「治天の君」志向、或いはその「皇位簒奪計画」をテーマとする諷刺画を描かせるために…。

～　～　～

以上が「瓢鮎図」生誕の背景としての将軍義持の人生、である。この画が、もし義満と、その愚行の諷刺画であるならば、その場面の主役はもちろん義満であり、その主題は当然のことながらその「愚行の始終」のはずである。

「瓢鮎図」の主役、側役

この画の中で、人間は主役只一人、あとの側役は、大小のナマズはもちろん、竹に至るまで、実は人間であるにかかわらず、すべてこうした「物」によって表現され、それらに仮託されている。そこにこの画の解読の困難さがあって、今日に至るまでそのテーマは依然として謎のままである。

㈠　主役

中央に立つ男↓実は義満

先述のように禅家からみれば俗世の野望ほど愚かなものはない。如拙はそれを容赦なく徹底的なボロで表現する。次にその満ち足りた栄華を示すものは、小肥り気味の体躯、であり、精神の卑しさを語るものはその人相、野望はその目付き、両足の踏張り。肩に入れた力、などによって描き出される。

おそらくすべて義持の指示によることではあろうが、義満の本質がよく捉えられている。

㈡　側役

其一　大ナマズ↓実は正室・日野康子

中央に立つ男が踏みしめている大地の形が、前面を行く小ナマズにそっくり、ということは、すでに諸家によって指摘されている。しかしそれが日野康子の暗示であるという解釈は皆無である。

それでは、

①大地が何故、ナマズ型に描かれるのか、

②このナマズが、何故、日野康子なのか、

が問題になる。

以下はこの問に対する答えである。

〜　〜　〜

土気としてのナマズ

古代中国哲学では、天円地方、つまり天は円形、地は方形で平たいとする。

ナマズの頭は平たくみえ、その口も方形で大きく裂けているので、いかにも大地の象徴である。

次に五行では生物一般を「蟲《ちゅう》」とよび、鱗・羽・倮《ら》・毛・介の五種に分類するが、鱗のないナマズは、魚の仲間に入れない。

鱗・羽・毛・貝殻を持たないものは、ツルツルしていて、「倮」、つまり「裸」とみなされる。この裸属は人間をその最高の蟲として、土気に配当されるから、ナマズも蛙《かえる》などと同じ土蟲である。

あるいはまた、ナマズは泥中に潜むものでもある。

以上を綜合してナマズは土気として捉えられ、大地の精ともいうべきこのナマズが動くと地震が起ると考えられるに至った。東の鹿島の神が元来は地震の元締である。それが何時、ナマズに変ったのか定かではないが、江戸時代になるとナマズ絵として「地震即ナマズ」が定着する。

土気の徳は、天の「乾《けん》」に対する「坤《こん》」なので、天皇の准母である日野康子は、正に「坤」そのもの。諷刺画においては、大ナマズの形をとるのは、当然であろう。

天皇の准母とは、即ち国母で、その夫たる義満は、そのお蔭で天皇の准父、即ち上皇たり得、憧れの「治天《ちてん》の君《きみ》」の位も手に入れることができる。

中央の男を義満とすれば、彼が力を込めてこの大ナマズらしき大地を踏みしめることは何を措いても必要とされることなのであった。

其二　小ナマズ→実は義嗣

中央の男、義満の熱い視線が向けられているのは小ナマズ。その姿はいかにも初々しく人間ならば幼童といったところであろうか。北山第行幸の際、義嗣は元服前の十四歳、正に幼童である。易の「艮《ごん》」☶卦は八白土気。人間に執《と》れば七歳―一五歳の幼童、である。

この方位は、東北の丑寅《うしとら》。時間・空間、そのほか凡ゆる意味で新旧交替を象徴する変《へん》化宮《かきゅう》であって、家の場合には後嗣《あとつぎ》、相続者を意味する。

「治天の君」を目指す義満にとって、将来、皇太子となるべき後嗣こそ、最も準備しておかなければならない絶対必要不可欠の存在である。その存在が、年齢の上でも易の法則をクリアする幼童、義嗣であった。

北山第行幸の折、この子を関白の上席に据え、当帝・後小松天皇の賜盃を受けさせたのも、後嗣としての義嗣を内外にアピールする為と思われる。

たしかに義満はこの少年、或いは幼童を溺愛していたに相違ないが、その半ばは、野望がらみの愛情ではなかったろうか。

再びこの画に戻って見ると、中央の男の目は、熱心にこの小ナマズを追っている。しかしその思惑が呆気なく挫折したことは先述の通りである。その智力・財力・精力、この男のすべてを賭けた野望の一瞬の潰滅を、何か身を翻《ひるがえ》すようにして彼から遠ざかって行く小ナマズの画中の姿が、余す処なく表現している。

其三　瓢箪（瓠）→実は天

実はこの瓢箪、あるいは瓠が側役の第一位におかれるべきものであったかも知れない。

というのは、この瓠が、信仰といってよい程、義満が熱望した「治天の君」の象徴物だからである。日本人にとって天皇は至高至上の存在であるが、当時、「上皇」或いは「治天の君」は、あらゆる点で、その上位にあった。

一方、瓢は伊勢神官祭祀に不可欠の祭器として唱いはやされ、神楽歌にも登場する神聖な器である。

枕詞、「ひさかたの」は、「久方の」「久堅の」などと記され、天・日・月・光などにかかるが、私は「瓠型の」と解釈する。天、或いは虚空は、内側が空洞で「虚」として捉えられ、同じく空洞の「瓠」は、その象徴物として扱われていた。

内側の空洞のものを、易では☲、火、離卦《りか》とする。火は上へ上へと行くものであるが、この火☲と、天（乾）は、相即不離である。易において火の先天☰は、天（乾）だからである。火としての瓠は、上昇志向で、上へ上へと上るものである。

中央の男の手にする瓠は、正にこの「火」、天としての瓠で、この画中において重要な位置を占めている。

この画の要《かなめ》をなしているといってもよく、この瓠故に、この画の諷刺は、見る人によっては、正に一目瞭然なのであった。

其四　竹→実は後小松天皇

「竹の園」といえばそれは皇室を指す。これは、「前漢の文帝の皇子、梁の孝王の東苑を竹園と名づけた故事による。」（新村出編『広辞苑』第四版、一九九一）

ということである。

日本人の竹に寄せる思いは深く、従って竹にもいろいろの意味が考えられるが、この画の場合は、正に皇室の意味で、この篠竹は後小松天皇の象徴である。

普通、竹は真直に伸びるものなのに、ここでは、異常なまでに手前の枝は中央の男に向ってお辞儀でもしているかのように曲がっている。

権臣・義満の云いなりになっている若年の帝王

の風情である。

おわりに

「瓢鮎図」には大岳周崇の序文と、短詩が寄せられている。

この周崇の序文と詩は、義満の野望を痛烈に皮肉り、嘲笑している。

後代の私どももまた国宝としてのこの画に接するとき、その出来栄えに感動するとともに、義持将軍の満足度も察することが出来るのである。

第二部　田んぼとナマズ、そして人

ナマズはなぜ田んぼをめざすのか?

前畑政善
(滋賀県立琵琶湖博物館)

かつては田植え時期の五~六月に雨が降るとコイ、フナ類、ナマズなどが、大挙して水田に入り込んでいた。人々はこぞってこれを追っかけ、捕った魚はおかずにしていた。今では見られないが、琵琶湖まわりでごく普通に見られた光景である。

著者は、一九八八年に一寸したきっかけからビワコオオナマズの産卵を見ていたく感動を覚えた。以来、今日まで琵琶湖にすむナマズ類三種の繁殖生態を調査してきた。ここではこれまでの調査から得られたことをもとに、ナマズ類の繁殖生態と一時的に水が浸る田んぼや湖の岸辺などの水辺移行帯(=水辺エコトーン)との関係を探ってみることにする。併せて、過去数十年間に行われた水田や湖岸などの水辺環境の改変が魚類の生活に与えた影響等についても考えてみたい。

ナマズ類の分布と一般生態

琵琶湖には、ナマズ、ビワコオオナマズ、イワトコナマズの三種のナマズの仲間がすんでいる。ナマズは東アジアに広く分布する広範種であり、後二者は琵琶湖水系の固有種である（16頁写真1参照）。ナマズは、朝鮮半島、中国大陸東部、台湾島にまで広く分布し、国内では、現在沖縄県を除く日本全土に分布している。もっとも江戸期以前には箱根以西にいなかったとされる（詳しくは本書55〜66頁参照）。全長五〇〜六〇センチに達する。主な住処は、平野部の水路や河川の淀み、あるいは湖沼などの流れのない水域である。琵琶湖周辺では、水路や溜池ならびに琵琶湖本体（外湖）、及びそれと水路などで連なった湖沼（内湖）の泥底に多く見られる。産卵期は五〜六月で、内湾や水田地帯に侵入して産卵する（3頁口絵参照）。主な餌はエビ類、水生昆虫類、小型魚類などである。魚類では、かつてはタナゴ類やドジョウなどの在来魚が主体であったが、最近では琵琶湖で著しく増加している北米原産のブルーギルも食べている。また、福井県立大学の学生・川邊友絵さんが調査したところ、ナマズの仔稚魚は水田の中ではタマミジンコやカイアシ類などを食べているという。

ビワコオナマズは、全長一メートル余に達する琵琶湖最大の在来魚である。これまで琵琶湖本体のみに生息するとされてきたが、近年、琵琶湖の唯一の流出河川である瀬田川とその下流に位置する宇治川や淀川にも生息し、特に淀川では枚方市在住の紀平大二郎さんたちによって繁殖活動も確認されている。本種の繁殖期は、五月中旬～八月で、産卵は大雨があって琵琶湖の水位が上昇した真夜中に岸辺の新しく水に浸かった礫底の浅瀬で行われる。著者が調査したところ、本種の産卵は降雨そのものよりも、それに伴って起こる増水が産卵活動の開始に密接に関与していることが明らかになった。本種は、夜間に琵琶湖の沖合を泳ぎ回り、ビワマス、ニゴロブナ、ゲンゴロウブナ、コアユなどの小・中型魚類を食べている。このナマズの肉は、大味でおいしくない。

イワトコナマズは、全長五〇〜六〇センチの魚で、琵琶湖と瀬田川上流、および余呉湖などの岩場にのみすむ。このナマズは、琵琶湖にすむ三種の中で夜行性が最も強いと言われる。産卵期は、五月上旬〜七月中旬で、産卵は岩場の浅瀬から水深四メートル程度の礫《れき》底で行われる。名前からもわかるように岩場を中心に活動する魚で、眼球が頭部側面に突き出ており、尻鰭《しりびれ》の肉鰭部が発達しているのが特徴である。主な餌はエビ類、水生昆虫類、小魚などである。特に、美味なことで知られる。

地域によって異なるナマズの繁殖生態

ナマズの産卵は、水田や小溝の中を移動しながら、雄が雌の体に巻き付く形で、卵をあちこちに分散させながら行われる。最近、著者が琵琶湖産ナマズの繁殖生態、繁殖行動等を調査したところ、それらは現在中央水産研究所におられる片野修さんたちが京都府船井郡八木町の水田地帯で調査した大堰川《おおいがわ》水系産ナマズのものとかなり

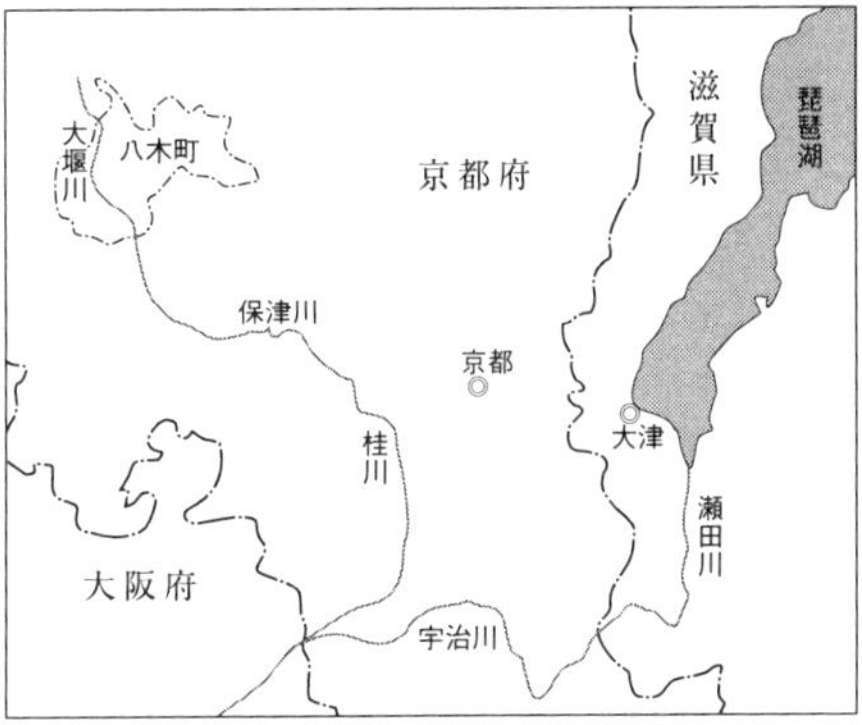

異なっていることが判明した。すなわち、本種の産卵活動は、琵琶湖では午後四時ころから夜間を中心に、場合によっては夜が明けてからも行われるのに対し、大堰川ではそれが真夜中に限られている。また産卵は、琵琶湖では例外なく雌雄一対で行われるのに対して、大堰川では雌一尾に二尾の雄が巻きついて行われることもある。さらには繁殖行動に関し、琵琶湖のものは雄による雌の追尾、雌の体への巻きつき、雌雄による旋回遊泳等、産卵行動の最初から終りまできわめて規則正しい順序で行われるのに対して（図1）、大堰川のものでは、雄の雌の体への巻きつき方が琵琶湖産ナマズのように一定しておらず、また産卵直後の旋回遊泳を欠いているなど、両者間には大きな違いが認められる。また、琵琶湖産ナマズの繁殖行動は、琵琶湖の他の二種、つまりビワコオオナマズやイワトコナマズのそれらと基本的には同じであることも明らかになった。

ところで、ナマズ類の繁殖生態は、同じ種でありながら琵琶湖と大堰川で、どうしてこうした違いが生じたのであろうか？そこで、著者は両者間の繁殖行動の違いが生じた訳を探るために、両者の産

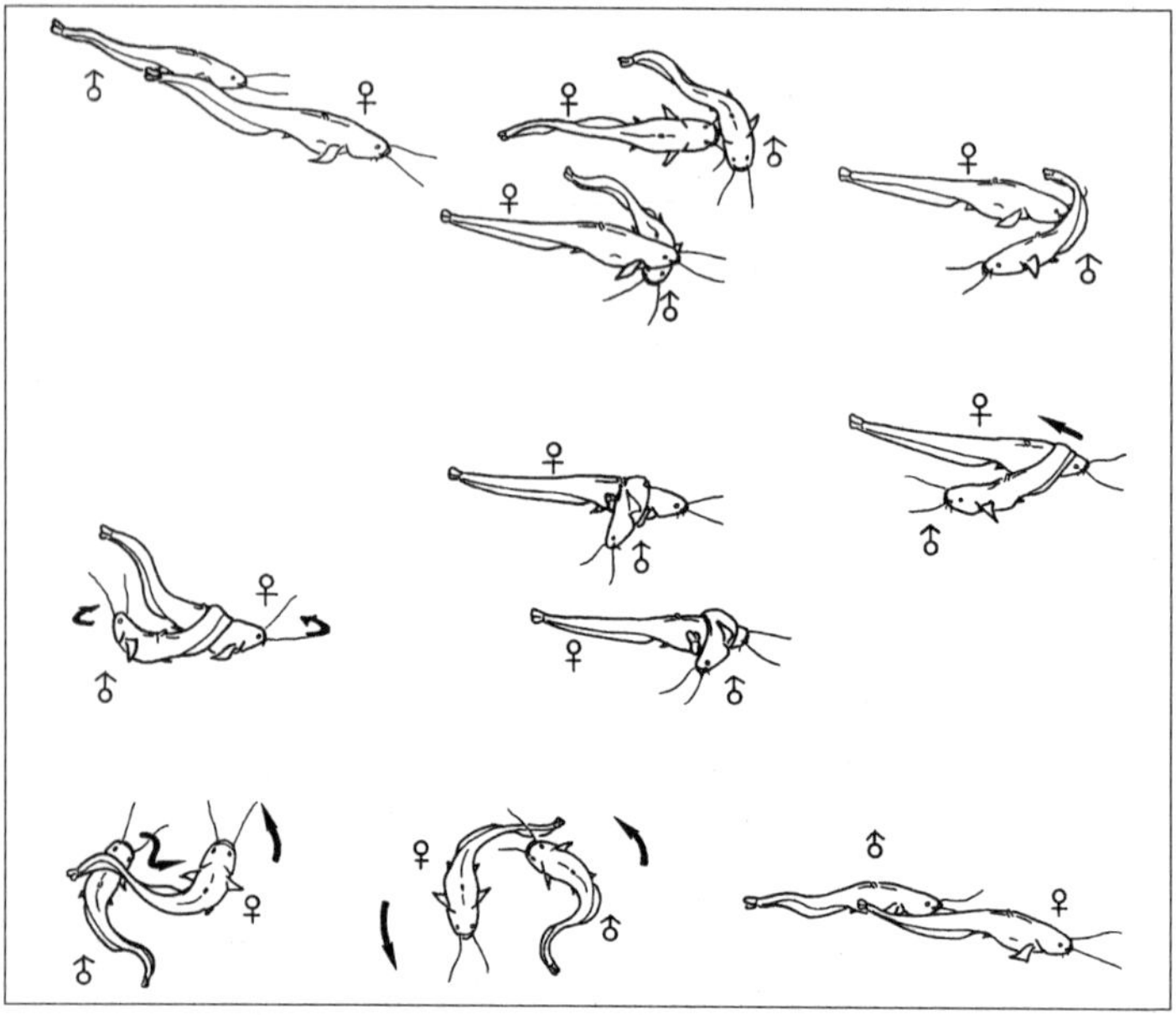

図１　ナマズの産卵行動。琵琶湖のナマズは、例外なく図のような順序で産卵する（MAEHATA, 2002）

卵環境や産卵場所に出現する雌雄の割合（性比）を比べてみた。すると、大堰川産ナマズではふつう小溝の中で産卵し、性比は著しく雄の側に偏っているのに対して、琵琶湖産ナマズでは水田の中での産卵が圧倒的に多く、また性比は大堰川産のものとは逆に著しく雌の側に偏っていることが判明した。

先にも述べたように琵琶湖産ナマズでは、繁殖行動の最終場面で旋回遊泳を行うが、大堰川産ナマズではそうした行動は観察されていない。前者が旋回遊泳を行うのは、田んぼという止水環境ではそうしたかき混ぜ行動をしないと卵が分散されないからであろうし、後者がそうした行動をとらないのは小溝という流水環境で産卵するために、卵は自然と分散するためであろう。旋回遊泳は琵琶湖岸の止水環境で産卵するビワコオオナマズやイワトコナマズでも観察されている。したがって、琵琶湖産三種に見られる繁殖行動は止水環境で産卵するナマズ類に共通したものと推測された。

ところで、ナマズの産地（地域個体群）の間で繁殖行動に差がある理由はある程度解明されたが、性比の違いや産卵の時間帯の違いがどうして生じたのかはまだわかっていない。

ナマズにとって、田植えは〝人工の雨〟

中央水産研究所の片野修さんらによれば、大堰川のナマズは六月中旬に水田耕作のために水路に水を流すと水田地帯に侵入するが、本種の水田地帯への進入と降雨との間に特に関連は見られなかったという。一方、私が観察した琵琶湖産ナマズの水田地帯への侵入は、産卵期全般（四月下旬から八月）を通じてみると降雨ときわめて密接に関連していた。これも産卵行動同様に産地による違い（変異）なのだろうか？

実は、私はこれらは産地による変異ではないと考えている。というのは琵琶湖のナマズも、当地で水田耕作が開始される四月下旬～五月上旬に限っては、雨が降らなくても水田地帯に侵入することがあるからである。ここで両地域における共通点は何かと言えば、それは水田耕作のために水路に水を入れることであり、さらに言えば、この時期には水田から濁った水が流れ出ることである。自然界では、雨が降ると水かさが増し、濁った水が流れる。したがって、水田耕作に伴う増水と濁りはナマズにとって〝降雨〟と認識されているのであろう。

振り返ってみるに、大堰川産ナマズの産卵調査は、当地で水田耕作が始められるごく初期である六月中旬～下旬のみしか調査されていない。したがって、大堰川においても四～八月と長期にわたって調査すれば、琵琶湖と同様に降雨と関連してナマズが産卵活動を行っていることが観察されるに違いないと私は考えている。

ところで、ナマズはなぜ雨が降ると水田地帯に上ってくるのだろうか？次に考えてみたい。

田んぼは琵琶湖の岸辺である

ナマズが産卵のために利用している水田や小溝などの一時的水域は、ヒトという動物が稲作を始めるまでは存在しなかった環境である。それでは、稲作が始められる以前、ナマズはどこで産卵していたのであろうか。それは、おそらく琵琶湖や内湖の水草の茂った岸辺とその周辺に広がる、降雨によって形成される一時的水域であったと考えられる。実際、今でも琵琶湖や内湖の岸辺では五〜七月の降雨後に水際に仕掛けられたモンドリやタツベなどで産卵にやってきたナマズが多数漁獲されている。それが、一旦稲作が始められ、やがて時代とともに水田地帯が拡大するにつれ、彼らは次々と繁殖場所を拡大していったものと推測される。水田はヒトが造った環境であるとしても、ナマズにとっては湖岸の延長線としての水辺でしかない。ここ三〇〜四〇年前までは、平野部に広がった水田地帯はナマズたちに格好の繁殖場所を提供し、彼らはフナ類やコイなどとともにわが世の春を謳歌していたものと推測されるのである。

写真１　水が急激に引いたため、干上がって死亡したフナ類の幼魚

危険な田んぼ

田んぼは農薬が撒かれたり、中干しによって水がなくなってしまうなど魚類にとってはひどく危険な場所である。実際、私が調査した水田でも、水が干上がってそこで育っていたフナ類やナマズの卵、仔稚魚が多数死んでいるのを観察している（写真１）。

これは卵や仔稚魚に限った話ではない。時には産卵にやってきた親魚までもが、水田の急激な干上がりによって死亡していることがある（写真２）。こうした現象は、水田に限った話でなく、稲作以前にもおそらくは降雨後にできた一時的な水域でもしばしば起こっていたことであろう。もっとも水田という一時的水域は、農家の都合によって水位が極端に変動するため、自然に形成された水たまりにおけるよりも干上がりの危険性はより高いものと推定される。それはともかく、彼らはなぜこんな危険な場所を繁殖場所として利用するのだろうか？

写真2　水田へ産卵に上がってきて、死亡したナマズの親魚

ナマズはなぜ一時的水域を使うのか?

魚類に限らず、生物はすべからく自分たちの子孫を残すためにそれぞれがすむ場所の自然環境や他の生き物との関係に応じ、―擬人化して言えば―いろいろな工夫を凝らしている。魚類の卵は栄養価が高く、しかも自ら動くことができないため、他の魚類や小動物にとっては格好の餌となるため、古くから強い捕食圧にさらされてきたと推測される。したがって、親魚は自分たちの卵（場合によっては仔稚魚も）を捕食者から守るために、親魚自らが卵を守ったり、他の生物の体の中や環境中のさまざまな物に卵を隠したり、擬態させるなど、さまざまな方法をとっている。

ナマズは、その進化の過程で、卵を守ったり、隠したりする方法を獲得せずに、おそらくは祖先種がそうであったろう産卵の方法、つまり環境中に卵をばらまくという方法をとり、今日に至っていると考えられる。既に述べたように、本種の産卵は、稲作以前は降雨にともなう増水によって〝新しく水に浸たった場所〟で産卵していた。

この〃新しく水に浸たった場所〃は、実はナマズ卵の生き残りにとって大変重要な意味を持っているのである。

〃新しく水に浸たった場所〃は、当たり前のことであるが、それまで〃陸上〃であった。つまり、この部分はふだん〃陸上〃であったがゆえにナマズの卵を食べる捕食者（魚類やその他の水生動物）がすみついてはいない。言い換えれば、ナマズがそこで産卵することには、自分たちの卵をより多く残せる効果があると思われる。おまけに、そうした場所は多くの場合、流れがほとんどないか、あってもきわめて緩やかであるために、卵から孵化した仔稚魚の餌となる動物性プランクトンが多数集まっているところでもある。さらに言えば、〃新しく水に浸る場所〃の形成に先立って降る雨は陸上から多くの栄養塩を水たまりへと運び、それは動物性プランクトンの大量発生をもたらしてくれる。このことはナマズの仔稚魚が発育するのにたいへん都合がよい。

一時的水域は、水深が浅く、水が滞留するために高温にさらされ、酸素がなくなったり、絶えず干上がりの危機にさらされる危険な場所ではある。一方のナマズの仔稚魚自身もそうした環境に適応してか、酸素欠乏にはきわめて強い耐性を示す。彼らが今なおこうした場所を利用していることを考えれば、一時的水域は干上がりによる死の危険を差し引いても、ナマズにとっては子孫を残すに余りある利益をもたらしてくれる場所と推測される。そして、こうした産卵習性は、おそらくナマズの祖先が東アジアモンスーン気候の下、地史的時間を過ごす中で培われてきたものに違いない。

琵琶湖魚類の復活は〝田んぼ〟にある

ここ三〇～四〇年前まで、田植時期にたくさんのナマズが、コイやフナ類とともに水田に上っていたことが当館の嘉田由紀子さんたちの地元での聞き取り調査からも明らかになっている。

それを保証していたのは、河川―水路、水路―小溝、小溝―水田間の落差のない連続性（＝水域ネットワーク）であり、コンクリート化されていない、いわゆる崩れやすい水路に代表される多種多様な生息空間の存在あったと考えられる。水路や小溝のコンクリート

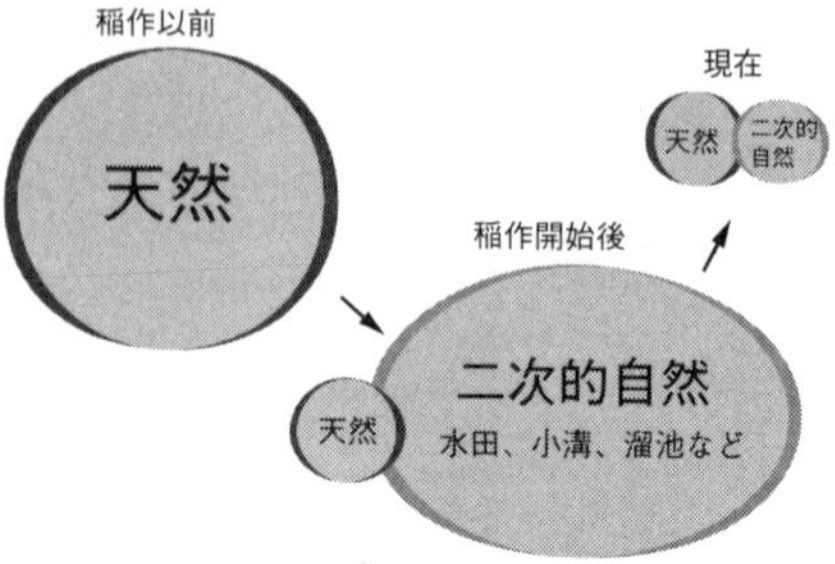

図２　歴史的にみた魚類の産卵場・稚仔魚の生育場の変化（模式図）。近年では、水域ネットワークが分断された結果、魚類の“ゆりかご”が激減している

化が、淡水魚の生息場、繁殖場を奪うことにより、その場の魚類相を単純化させてしまうことは一般によく知られている。また、かつては人々が水路の水を生活用水として周年利用していたことも、灌漑期以外の季節にも水が枯れないという点で親魚や水田で育った仔稚魚の生息、生残に重要な役割を果たしていたと思われる。そうしたことはナマズのみならずコイやフナ類など降雨後の増水時に湖畔の新たに冠水した一時的水域で繁殖する習性をもつ他の多くの魚類にも当てはまることは論を待たないであろう。

振り返って、今日なぜ一時的水域を形成する場としての水辺エコトーンの重要性が強く指摘されるのであろうか？それは一言で言えば、圃場《ほじょう》整備《せいび》や湖岸の改修工事等の人為作用が強く働きすぎてしまい、かつての連続した繋がりをもった水域ネットワークが分断されてしまったことによる。すなわち、つい最近までは人によって造られてきた水辺エコトーン（水田、ため池、小溝など）が、自然の水辺エコトーンの代役を果たしてきた。それが近年ではその機能が消失し、魚類をはじめ多くの生き物の繁殖場や生育の場が失われてしまったからである（図2）。

今後、ナマズ類をはじめ琵琶湖にすむ多くの魚類、また魚類といろいろな関係にあるヒトをも含めた周囲の生き物を保全していくためには、田んぼや湖岸などの水辺エコトーンが積極的に保全・修復され、また琵琶湖の水位調節がナマズをはじめとする生物たちの習性をも考慮に入れたうえで適正に管理されることが強く望まれる。

漁・食・祭

安室　知
（熊本大学）

はじめに

ナマズの研究には、魚類学・生態学などの自然科学から私が専門とする民俗学・歴史学といった人文科学の分野までさまざまなものがある。しかし、ナマズの側からみればそういった専門というのは自分たちにはなんの関係もないわけで、人間側の思惑をするりと抜けてしまうようなところに、そのナマズの面白さがあるといってよい。そんな面白さの一端を示せればと思い、小論のタイトルとして、まるで三題噺《さんだいばなし》のようではあるが、「漁・食・祭」と三つ並べてみた。

水田という場

まずはじめに、水田がナマズにとって産卵の場として重要な意味を持っている点に注目してみよう。水田というのは、考えてみると日本で最も古い人工の施設だといえるわけで、日本では二〇〇〇年以上の歴史を持っている。言い換えれば、最も強くまた継続的に人間の手が加えられてきた空間である。それでありながら、水田はナマズのような天然の魚が好んでやってくる場でもある。そこに水田の不思議、おもしろさがある。そういう意味で、水田をめぐる人の営みと自然とは相反するものではなく、むしろ水田を造り維持してきた民俗的な技術というのは本来、自然と寄り添うかたちで展開してきたものではないかと考えられる。

自ら進んで水田にやって来る魚介類には、ナマズの他にも、ウナギ、フナ、コイ、ドジョウ、タニシなどがおり、子どもの頃には田んぼでそういった魚や貝を捕って遊んだり、またそれを食べたりした経験を持つ人も多いと思う。私はそうした魚介類を総称して「水田魚類」と呼んでいるが、それはいってみれば生物の分類体系とは別にある文化概念である。水田魚類とは、一つは水田に産卵にやって来る魚であるということ、もう一つは生活史の中の一時期を水田で過ごすような魚であること、という二つの要素が重要な意味を持つ。

そうした水田魚類は私たちの生活とさまざまな面で関わってくる。その代表が漁撈《ぎょろう》（とくに水田漁撈）である。水田漁撈の特徴は、水田が有する稲作の場としての特性を利用することにある。たとえば、稲作農家の人に話を聞くと、ノボリとクダリという時期が水田にはあるという。ノボリというのは、だいたい稲の花の咲くころを境にして、それより前、つまり代掻《しろか》き・田植えから田の草取りの頃までをいう。自然の水界から水が人の管理する用水路や水田の中に入って来る、そうした時期をノボリという。それに対して、クダリとは、稲の花が咲いた後、つまり稲に水が不要になり、田や用水路の水をまた元の自然の水界に返す、そういう時期をいう。そうしたノボリやクダリに応じてナマズやドジョウ・フナといった水田魚類が田んぼと自然の水界を行ったり来たりするため、ウケ［琵琶湖周

写真1　ヨシ場に仕掛けられたタツベ

辺ではタツベ（写真1）やモンドリという」のような陥穽《かんせい》漁具を用いて、同じ田んぼの中でも何度となく魚を捕ることができる。

さらにいうと、水田は稲を植えるために平らに均《なら》された場であるということも魚捕りには重要な意味を持つ。そのように平らに均された場は稲作民が多く用いる魚伏籠《うおふせかご》のような漁具にとってはうってつけである。たとえば、琵琶湖周辺にはオオギという底の抜けたザルのような形の漁具がある。それを田んぼに上ってきたナマズに上からかぶせる。そして、そのナマズをオオギの口から手を入れて掴《つか》むというような捕り方ができるのも水田が平らに均されているからである。

水田で魚を捕る

そうして水田で捕ったドジョウやナマズをどうするかというと、もちろん自分たちで食べる。かつての民俗学や歴史学の研究だと、日本の稲作農民というのは、近世・近代においては食生活の上で極度に動物性タンパク質が不足した状態にあったと言われてきたが、それはおそらく間違いだろう。さっき述べたように、田んぼから様々な魚や貝が捕れるわけで、そういったものをごく日常的に食べていたのではないか。近代の農民日記などを見ると、そうした様子が描かれているものがけっこうある。今まで民俗学者や歴史学者はそうしたことに気が付かなかったか、また気付いていてもそれを正当には評価してこなかっただけなのではなかろうか。

それから、もう一つ、田んぼで魚を捕ることの意味として挙げなくてはならないことは、その娯楽性である。田んぼでの魚捕りは文句なしにおもしろい。つらく単調な稲作作業のなか、その水利段階に対応して、田んぼでは折々に魚捕りをすることができる。ノボリの時期には、ノボリウケのような魚捕りのやり方があり、またクダリの時期も同様にいくつも漁撈法があった。

民俗調査のおり、村のお年寄りに稲作技術について根ほり葉ほり聞いていると、聞き手も話し手もうんざりしてしまうときがある。そんなとき、「では、田んぼでの魚捕りの話を」などと話題を変えてみると、話し手の目がキラキラとし、勢い込んで語りだすということはよくある。私もついつい引き込まれて、そうした話を一生懸命聞いている。そのようにして、気付いてみると田んぼでの魚捕りの話ばかり二〇年以上も聞いている。少し横道にそれたが、そのように水田漁撈には遊びの要素が多分にあり、それは現実に魚を捕ることもそうであるが、それを話したり聞いたりすることもおもしろい。

それから、もう一つ重要な水田漁撈の意義としては、村の祭や信仰と深く結びついた水田漁撈があることである。この場合、個人的に田んぼで魚を捕るのとは違って、村人が集団で大掛かりな魚捕りをおこなうことが多い。とくに農閑期《のうかん》には、今まで忙しかった稲作農家にとってはやっと自由な時間を持てるようになるわけで、そうしたことを背景に、みんなが共同して用水路や溜池《ためいけ》といった共有地的な水界で魚捕りを行う。そのような漁は大規模なため、たくさんの魚が捕れる。捕った魚は祭の時のご馳走《ちそう》とされるとともに、またときには、共同で魚を捕ること自体が祭の一環になっている場合さえある。

稲作というのは、地域のみんなが協力していかなくてはならない

ことが多い。水田水利はその典型であろう。用水を確保するために水路や溜池を作ったり、その用水を公平に分配するために、みんなが協力し知恵を出し合わなくてはならない。そうしたとき、こうした村の祭に結びついた共同漁撈というのは、みんなの連帯感を生み出す上で一つの大きな契機となっていたと考えられる。

ナレズシと祭

滋賀県栗東《りっとう》市大橋には水田漁撈と結びついた村の祭が伝えられている。それは通称、ドジョウ祭とよばれる。この祭は、村人共同の魚捕りから、ナレズシ作り、そしてそれを神に奉納する神事まで、一年を通して村の行事としておこなわれている。大橋は現在は市街地化が進み戸数六〇〇を超える区になっているが、元は四〇戸ほどの小さな稲作集落であった。そのころから大橋にいた四四戸がこの祭においては重要な役目を果たす。祭を執り行う権利を持っているのもこの四四戸に限られる。これは近江に発達するいわゆる宮座《みやざ》[*1]であろう。その四四戸が東と西に二二戸ずつ分かれて、それぞれ一人

＊1　特定の家だけで構成される祭のための組織。

の当番をだすことになっている。その当番が一年間、さまざまにドジョウ祭の世話をすることになる。

写真2は、オンダのツイタチという行事である。これは、旧暦六月一日におこなわれるが、当番は村を流れる用水路の村境の所に丸いしめ縄を張って回る。そうしてしめ縄を張る場所が九カ所ほどある。しめ縄は、その内側（つまり村域内）では、これ以降ウオトリ神事がおこなわれるまで、いっさい魚捕りをしてはいけないという印になる。

写真3〜5は、ウオトリ神事の様子である。九月二〇日以降それに近い休日に行われている。ただし、ウオトリ神事とはいうものの、現在はウオトリつまり村人共同による漁撈は行われていない。本来は朝早くから当番を中心にしてみんなで魚捕りをし、その後、捕ったドジョウとナマズを用いてナレズシを漬けていく。現在はそのドジョウとナマズは買ってきたものを使っている。スシは東と西が別々に当番の家で漬けることになっている。

スシ漬けはまず、すし桶の中にタデ粉をまぶした飯を敷き、そこ

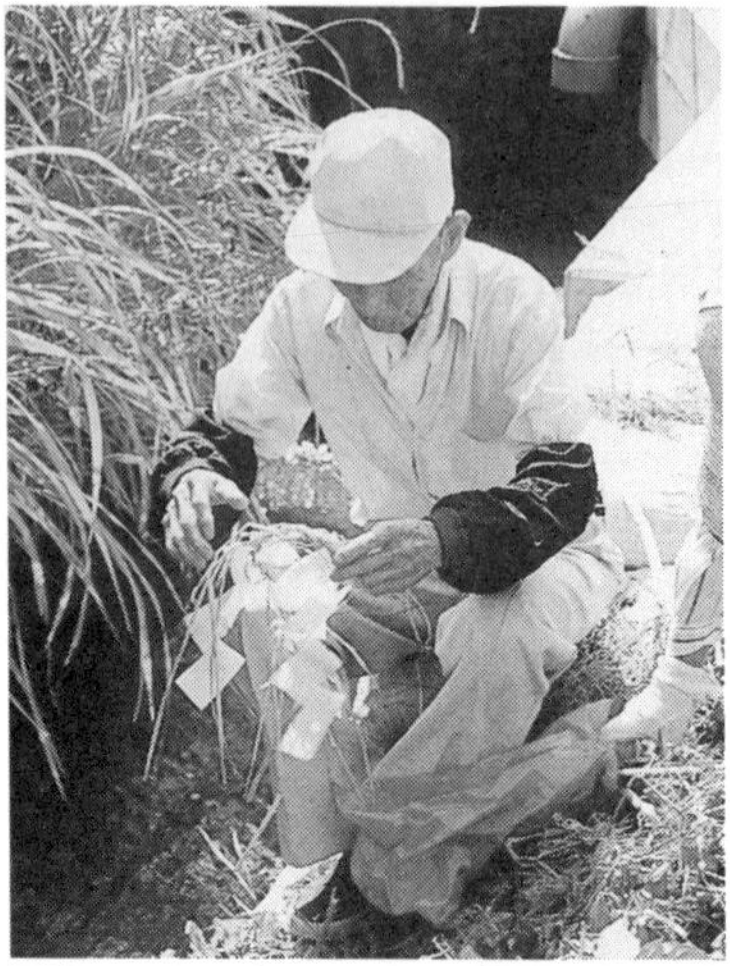
写真２　オンダのツイタチ（旧暦６月１日）

写真３　スシの漬け込み（９月23日）
飯にタデを混ぜる

写真５　スシの漬け込み（９月23日）
スシ桶に俵をまく

写真４　スシの漬け込み（９月23日）
ドジョウとナマズを入れる

写真6　ドジョウズシの口開け（5月1日）

写真7　三輪神社大祭（5月3日）
当番家の床の間に供えられるスシ

にナマズと生きたままのドジョウを入れては飯をかぶせていく。それを何度か繰り返す。こうしたスシ漬けは昔から男だけで行われることになっている。こうして桶いっぱいに漬け終わると蓋《ふた》をした後、桶にしめ縄を張る。それを当番の家は約半年間、五月の三輪《みわ》神社大祭まで大切に保管する。もし当番の家に不幸があったりすると、スシに穢《けがれ》が移らないように忌《い》みが開けるまで一時的に他所に預けられなくてはならないという。それほど厳重な清浄がこのスシには要求される。

写真6、7は、五月一日に行われるスシの口開けである。東西の当番家は、大祭に先立って、神主を呼びスシがうまく漬かっているかどうかを確かめておかなくてはならない。そうして、うまく漬かっていれば、当番家の床の間に掛けられた「大三輪大神」の掛け軸の前にドジョウとナマズのスシが大皿に盛って供えられる。

写真8～11は、五月三日の三輪神社大祭の様子である（4頁口絵下参照）。この日、朝早くから当番家に手伝いの人が集まり、神様に供えるための八つの膳が作られる。この膳には、精進《しょうじん》膳一つを

写真８　三輪神社大祭（５月３日）
神の膳をこしらえる

写真９　三輪神社大祭（５月３日）渡御行列

写真10　三輪神社大祭（５月３日）宴会

写真11　三輪神社大祭（５月３日）
振る舞われるスシ

除いて、カワラケにドジョウズシが一盛りずつ付けられる。膳ができあがると、釣り台に納められ、そこにしめ縄が掛けられる。そうしてすべて準備が整うと、東西それぞれ渡御《とぎょ》の行列が組まれ、当番家を出発して神社に向かう。みな紋付《もんつ》き袴《はかま》の正装である。この行列にはどんなに小さくとも当番家の跡取りが御幣《ごへい》かつぎとして加わることになっている。そして、東西の行列が宮年寄《みやどしより》*2が待つ神社の入り口のところで合流して本殿へ向かう。釣り台の膳は他の供物とともに本殿の中に納められ、神主による祝詞《のりと》奏上、巫女《みこ》による舞などが奉納される。そうして一通りの儀礼が終わると、舞殿で杯を交わした後、神主・巫女を上座《かみざ》に据えて東と西が対面するかたちでナオライの宴が開かれる。このとき、東の組のものは西のスシを、西のものは東のスシをそれぞれ食べ、その年のスシの漬かり具合などを批評する。

　このドジョウとナマズのナレズシは半年かけてじっくりと発酵させているため、ドジョウなどは糸のように細くなっており原形をとどめていない。そのためスシ自体が強烈な匂いを醸《かも》しており、好き

*2　氏子の最年長者。

な人にはたまらないものだし、嫌いな人にとっては口に入れるのはもちろんのこと、その場にいることさえ辛い。もし勇気があるなら、五月三日の大祭の日に大橋に行くと、参詣者への振る舞いに大皿に盛ったスシが用意されているので、一度試しに食べてみるといいかもしれない。

おわりに

以上が、栗東市大橋に伝わるドジョウ祭の一連の流れである。この祭は、五月三日の三輪神社大祭をクライマックスに、ほぼ一年を通していくつもの儀礼が組み合わされていた。これは現在マスコミにおいて「天下の奇祭」などと取り上げられているが、水田漁撈が村の儀礼と結びつく例はじつのところ稲作農村においてはそれほど珍しいものではない。ただ、宮座の発達した近江だからこそ、この大橋のドジョウ祭の場合には、高度に様式化し、儀礼的に洗練されたものになっているのである。そのため、現代では珍奇なものとして、とくに人の目を引いているにすぎない。

こうして、ドジョウやナマズといった水田魚類を通してみると、かつての稲作を生業の中心に据えた社会や文化のありかたというものがよく見えてくる。水田を生活の場に選んだドジョウやナマズが、それだからこそ人と深い関わりを持つことになったといえる。そして、それは人と魚の関係にとどまらず、人と人を結びつけて稲作社会をより緊密なものにする上でも役立っていた。大橋のドジョウ祭はそうしたことをあらためて私たちに教えてくれる。

水田漁撈は消滅したか？
―水辺の遊びにみるホリとギロ(ン)のムラの過去と現在―

牧野厚史（滋賀県立琵琶湖博物館）
大塚泰介（滋賀県立琵琶湖博物館）
矢野晋吾（滋賀県立琵琶湖博物館）

水田漁撈は消滅したか？

水辺に親しむというとき、仕事とはかかわりのない「遊び」を私たちはイメージしがちである。たしかに、水辺での海水浴・湖水浴、魚捕りやスポーツフィッシングなどの釣りは、通常、都市の人々が余暇を楽しむレクリエーションとして行われている。しかしながら、かつての日本の農村では、農家は水辺を単なる「遊び」場とみなしてはいなかった。一九六〇年代ごろまでの農村では、水辺は農業とかかわる仕事場であり、また、食べるための魚を楽しみながら捕る場所でもあった。琵琶湖のまわりに広がる低湿な水田や水路（クリーク）・湖岸も、農業という仕事の場所であると同時に、格好の漁撈の場所にもなっていたのである。

琵琶湖をとりまく低湿な水田や水路には、そこに棲み着くドジョウや貝の仲間がいるだけでなく、田植えの時期になるとフナ・コイ・ナマズなどの魚類が湖から遡上《そじょう》してくる。琵琶湖に面したムラでは、それらの魚類を対象とした漁撈が農家によって盛んに行われた。ときには、水がついた（冠水した）水田までが、魚捕りの場所になった。漁撈は、オカズとなる魚類を採取するという「仕事（労働）」であると同時に、低湿地の水田で苦労の多い稲作を行う農家にとって、楽しみのための活動でもあった。すなわち、一面で自然との駆け引きを楽しむ「遊び」という性格もあったのである。今でも琵琶湖のまわりの農村では、農業のあいまに行った魚捕りの体験を楽しそうに語るお年寄りに出会う。こうした水田とそのまわりでの小規模な漁撈は水田漁撈と呼ばれている。それは、農業という主要な生業に組み合わされて、生活の楽しい一部分となっていた。

しかし、この水田漁撈という楽しみは、琵琶湖のまわりでは過去の事柄とみなされるようになっている。戦後になって、水田の様子が変化し、漁撈を行う農家の姿が急速にみられなくなってきたからである。たしかに、稲作のために圃場整備《ほじょうせいび》*1がなされ、湖と農家の仕事場である水田との「分断」が拡大している今日、水田のまわりで魚をつかむことは難しそうだ。また、水田に遡上してくる魚類もひどく減少しているようである。そのため、水田漁撈はもはや消滅してしまった、あるいは、おそくとも一九六〇年代の圃場整備によって終焉《しゅうえん》したと考えられている。しかし、水田漁撈という営みは、琵琶湖のまわりの農村から本当に姿を消してしまったのだろうか。ここからは、水田漁撈の伝統と深くかかわる魚つかみという子どもの水辺の遊びの変化を通して、水田漁撈の消滅とは農村にとって何であったのかを考えることにしよう。

＊1　農作業を効率よく行えるように、小さな田や不整形な田を整地して、大きな田にすること。用排水路や農道の整備も同時に進められた。

木浜というところ

滋賀県守山市に、木浜《このはま》という湖に面したムラがある。人口約一三〇〇人、世帯数三七二世帯の大きな農村である。このムラの領域には、圃場整備前の一九六〇年代まで、たくさんのクリークと低湿な水田があった。集落をとりまく水田には、縦横に「ホリ」とよばれるクリークが走り、それらはドドワキ、オイケ、ニシノイキ、マキノという四つのギロ（ン）[*2]に結ばれていた。農家は田舟で集落内の船着き場から内湖を通って水田での農作業に出かけた。また、肥料となるモ（水草）やゴミ[*3]を取りに琵琶湖の湖岸にでていくこともあった。その意味で、木浜は「ホリ」と「ギロ（ン）」のムラだったのである（写真1）。

湖に面した木浜には、専業の漁師もいたが、農家によるオカズトリのための漁撈も水田や内湖や水路、さらに沿岸域で盛んに行われていた。しかし、今や、漁撈が行われていたころの面影はない。現在の農家はほとんどが第二種兼業農家で農家の数そのものもへって

＊2　内湖のこと。琵琶湖と水路等でつながった湖沼。

＊3　湖底やクリークの底にたまる泥。

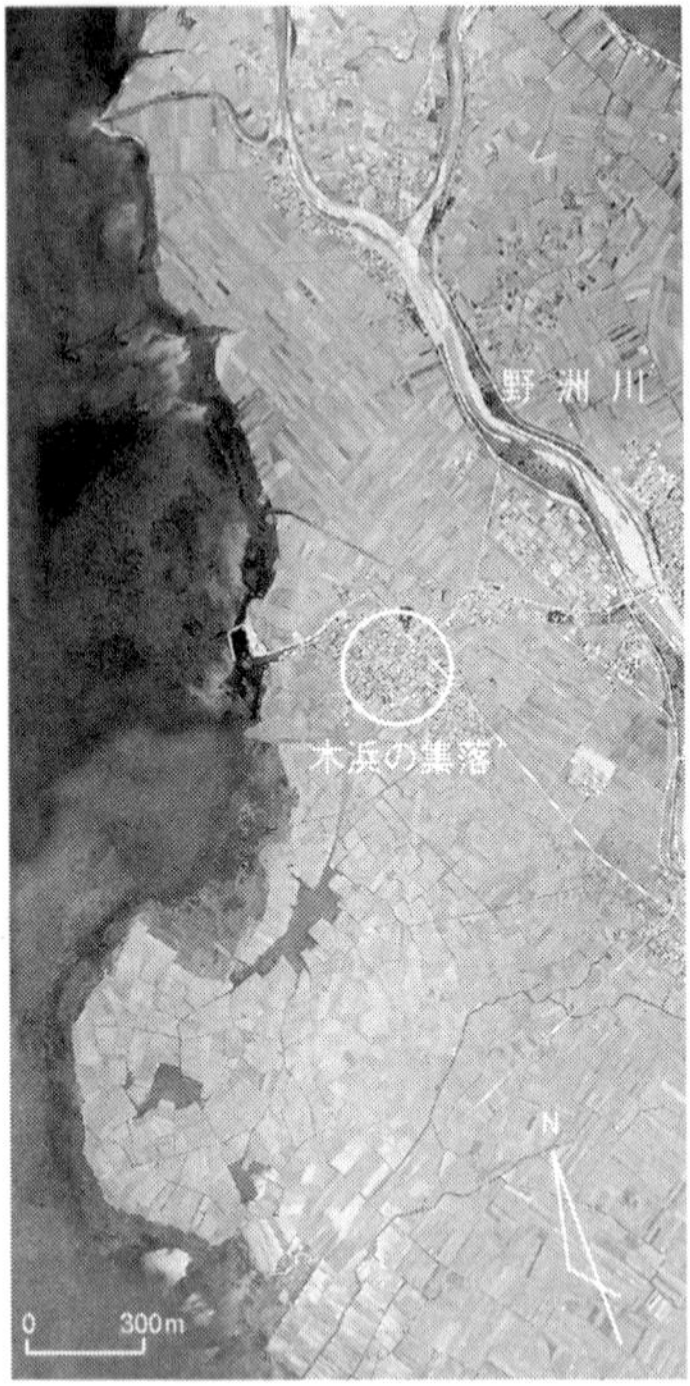

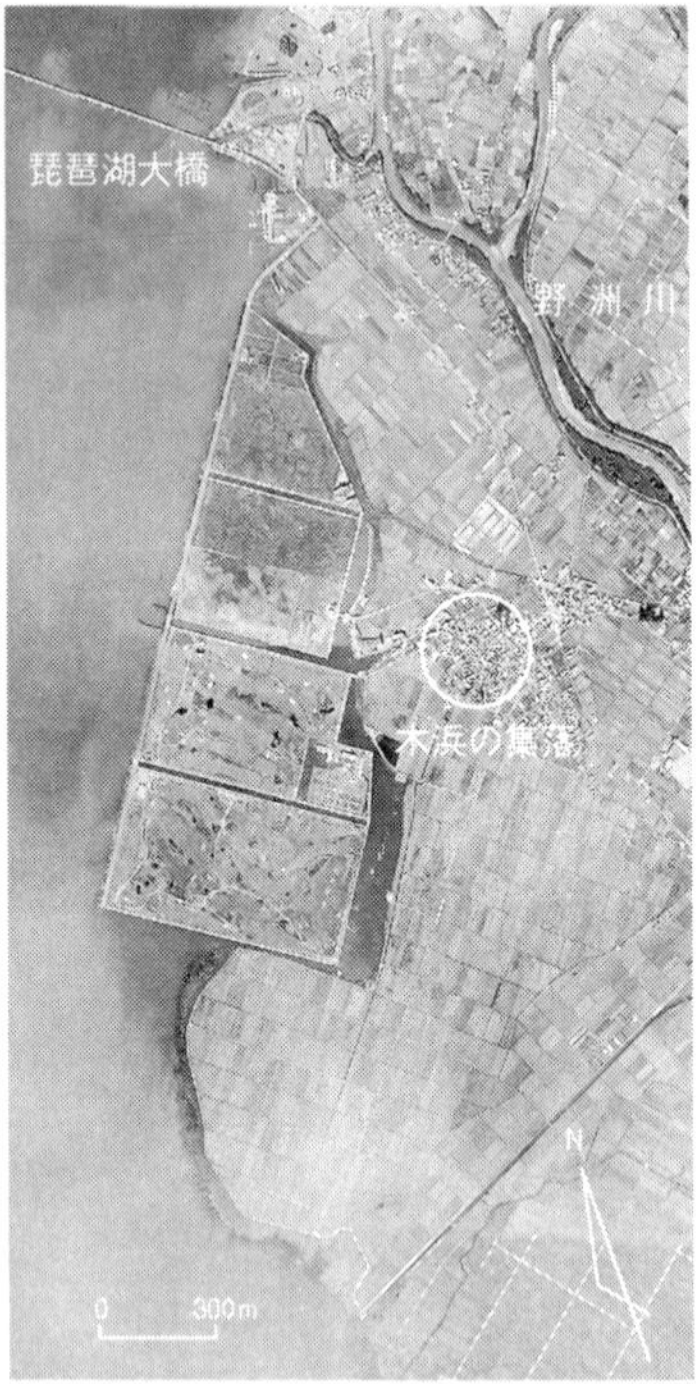

写真１　木浜地区の景観変化。左は1961年、右は1975年撮影の航空写真。右の写真では地先が埋め立てられている。また、圃場整備によって４カ所の内湖も消滅した。
　この写真は国土地理院長の承認を得て、同院撮影の空中写真を複製したものである。（承認番号平14近複、第234号）

いる。このような農業の変化に伴う圃場整備事業(構造改善事業)や、地先の湖岸埋め立てによって地区景観は大きく変わった。もとの四つの内湖はすべて消滅し、水路もコンクリートの直線的な水路になった(4頁口絵上参照)。その結果、「クリークや湖岸に展開されてきた、住民と土地との直接的なエコロジカルなつながりは、確かに過去のものとなった」といわれるようになっている(八木康幸、一九八〇)。そのなかには、モトリやゴミカキのような活動だけではなく、水田漁撈も含まれている。つまり、水田漁撈もまた、地区景観の変化とともに終焉したとみなされているのである。

私たちが、このムラで調査をはじめたのは、水田漁撈という水辺の営みの消滅と水田の変貌との関連を明らかにしたいと考えたからだった。つまり漁撈を楽しみにしていた人たちが、なぜ、水田の変化を選んだのかを私たちは知りたかったからである。ところが、調査の過程で、私たちはこれまでいわれてきた水田漁撈の消滅ということについて疑問をもつことになった。というのも、最近になって湖から上がってきたコイを食べたという話をしばしば調査のなかで耳にしたからだ。そもそも、個々の農家が行う水田漁撈は、本来統計にはでてこない活動で、その動向を直接に把握することは困難である。そこで、私たちが注目したのは、この地区の人々（当時の農家）が子どものころ、水辺の遊びとして行ってきた魚つかみ（魚捕り）である。すなわち、子どもたちがどんな魚を捕っていたのかを世代別にみることによって、水田漁撈という活動に生じた変化を把握することを試みたのである。もちろん、「遊び」という側面の強い子どもたちの魚つかみは、大人たちが行う水田漁撈と完全に同じであるとはいえない。しかし、文献や聞き取り調査によると、琵琶湖のまわりの農村では、子どもたちがつかんだ魚は水田漁撈の対象魚種と重なっていた。しかも子どもたちのつかんだ魚は、「オカズ」として利用されたり、ニワトリのえさにされていた。つまり、農家という生活の単位に視点をおけば、子どもたちの魚つかみも農家が行う漁撈の一部とみなすことができるのである。また、子どもが大人とともに水田漁撈に参加していたことを示す証言もある。木浜で農業を営んでいるある方は、小学校高学年ごろから、四～五月に行われる湖岸での漁によくつれていってもらったという。琵琶湖沿岸のヨシ場でガスランプによって魚をてらし、コイやフナなどをヤスで突きとるのである。また、ある農家の方は、お父さんと一緒に田舟で正月用の魚を捕りに行った体験を語ってくれた。もちろん、それらの漁で捕った魚は家の「オカズ」となった。このように子どもたちは、自分たちだけで魚つかみをするだけではなく、ときには大人の漁に参加することもあったのである。

アンケート調査にみる魚つかみの変化

時代あるいは世代による、子ども時代の魚つかみの変化を調べるため、私たちは木浜地区でアンケート調査という方法を選んだ。調査は二〇〇〇年十一〜十二月にかけて調査票を木浜の各世帯に配って記入してもらい、後で回収するという方法でおこなった。木浜地区の区会名簿に名前がある世帯員のうち、小学校四年生以上（誕生日が一九九一年三月以前）の計一二六二名に回答をお願いしたところ、全体の四四％にあたる五五五名の方々から回答を頂いた。このアンケートの結果から、木浜地区で子ども（小学生）が捕ってきた魚の種類が、時代とともにどのように変化してきたかを探ってみよう。

アンケートではまず、小学生時代にいちばんよく遊んだ水辺を、木浜周辺の地図上に印をつけて示し、地名を記入してもらった。そして、地図の印も地名記入もなかった回答は、分析に使わなかった。中学校以上になってよその地域から引っ越してきたなどの理由で、木浜地区の水辺では遊んでいなかった可能性が高いからである。

次に、地図上に印をつけてもらった水辺で、小学生時代にどんな生き物をつかんだかを聞いた。その回答をもとに、回答者のうち五％以上がつかんだ二四種類の生き物それぞれについて、つかんだ人の割合が世代（つまり小学校当時の時代）とともにどのように変化したかをまとめてみた。その結果を図１に示している。

生き物の種類ごとに、つかんだ人の割合が、時代ごとにどのように変化したかをみると、大きく三つのパターンに分けられた。

①世代とともにつかんだ人の割合が減少してきた種類

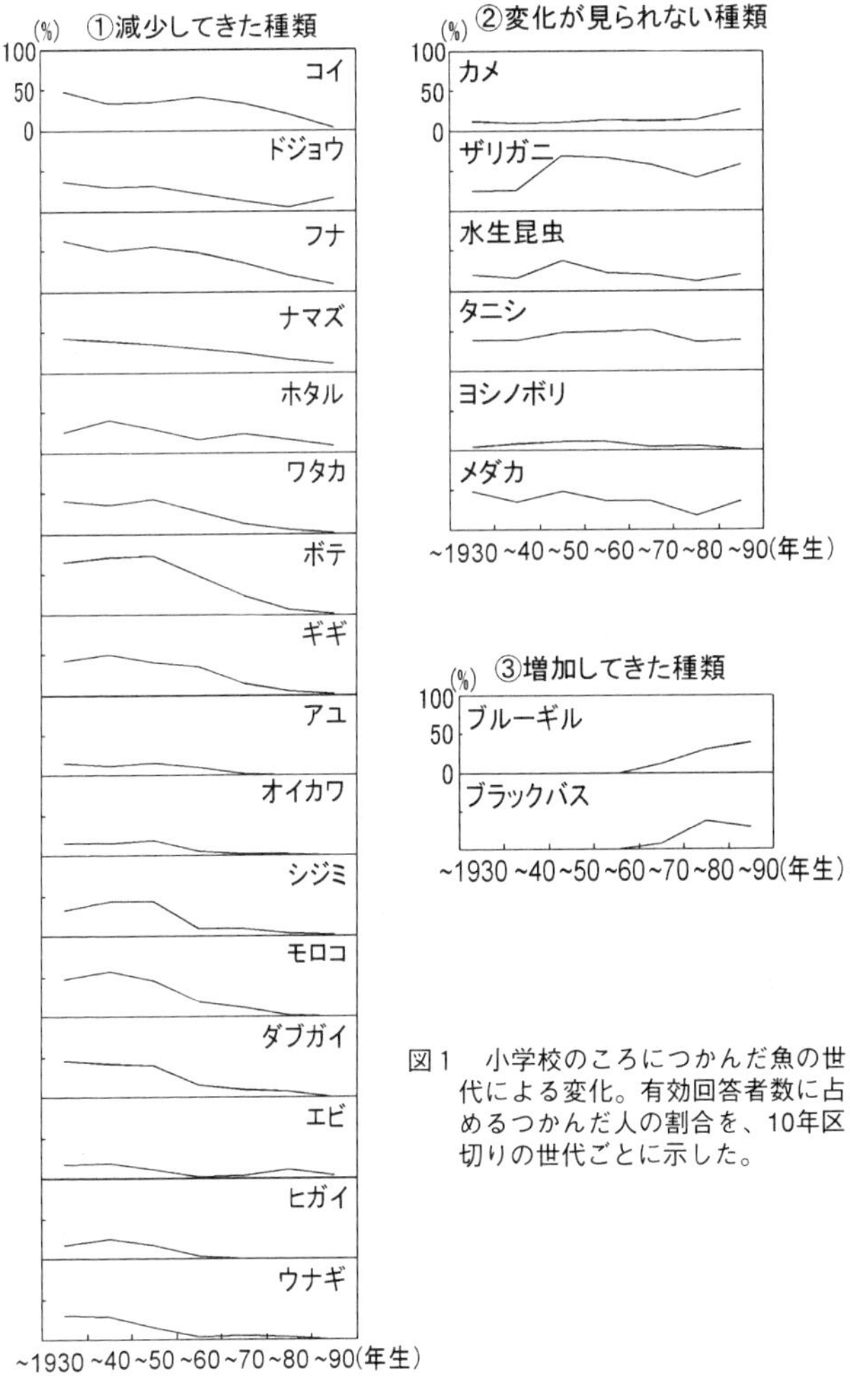

図1　小学校のころにつかんだ魚の世代による変化。有効回答者数に占めるつかんだ人の割合を、10年区切りの世代ごとに示した。

二四種類のうち一六種類までがこのパターンを示した。「オカズトリ」の対象となる生き物の大部分がここに含まれる。一九四一～五〇年生まれの世代から、一九六一年～七〇年生まれの世代にかけて（つまり一九六〇年代から七〇年代あたりで）、急激に捕られなくなった種類がほとんどである。フナ・ドジョウ・ナマズ・ホタルは、最近（一九八一～九〇年生まれ）の小学生にもある程度捕られているが、ほかの種類はほとんど捕られていない。

②世代による変化がほとんど見られない種類

六種類がこのパターンを示した。世代間での変化が明らかでない種類（カメ・タニシ・ヨシノボリ・メダカ）と、何らかの変化は見られるがその傾向が一方向的ではなかった種類（ザリガニ・水生昆虫）に分けられる。

③最近になってつかんだ人の割合が増えてきた種類

ブラックバスとブルーギルの二種類だけがこれに該当する。ともに外来魚で、一九八〇年代から琵琶湖で目立つようになった種類である。

子どもたちが、ブラックバス・ブルーギルなどを除く大部分の魚を捕らなくなってしまったのは、単に捕れなくなったからと思われる方も多いかもしれない。しかしそうではない。大人たち、特に中高齢者は、今でもそうした魚をちゃんと捕っているのである。

アンケート調査では、木浜地区の水辺で小学校のころによくつかんだ生き物を三つと、最近よくつかんだ生き物を三つを、それぞれ記入してもらった。その両方の世代による変化を、主成分分析という方法で一つのグラフ上に表したのが図2である。このグラフでは、生き物と、それをよくつかんだ世代の人たち（生年で示した）が、それぞれ原点（二つの軸が交わる点）から見て同じような方向に位置している。例えば、一九六一年から一九七〇年までに生まれた人たち(～七〇)は、小学校のころにはカエル、タニシ、メダカなどを比較的多くつかんでいたのに対して、最近ではブラックバスやブルーギルをよく捕っていることを、グラフから読み取ることができる。

この結果を見ると、第一主成分（縦軸）に世代間の違いが表現されている。つまり、原点より上方にある生き物は高齢の世代によく捕られ、逆に下方にある生き物は若齢の世代によく捕られたことを示している。また、第二主成分（横軸）には子どもにとっての捕りやすさが表現されているように思われる。つまり、子どもが田んぼや用水路で容易に捕ることができる生き物が右側に、捕るために湖まで行く必要があるか、捕ることが技術的に難しい生き物が左側に、それぞれ集まる傾向が見られる。

このグラフの上にプロットされた世代を第一主成分方向（縦方向）に見ると、同じ世代であれば、小学校のころによくつかんだ生き物よりも最近よくつかんだ生き物の方が、常に下の方にある。このことから、捕れる生き物の種類が時代とともに変化してきたことが、つかんだ生き物が世代間で変化した要因の一つであると考えられる。特に一九五一～六〇年、および一九六一～七〇年生まれの世代では、小学校のころと最近ではつかんだ生き物に大きな違いがある。

しかしそれ以外の世代では、小学校のころよくつかんだ生き物と最近よくつかんだ生き物に、あまり大きな違いがない。一九五〇年以前に生まれた人たちに限ってみれば、最近もっともよくつかんだのはフナで、コイ、モロコがこれに続いている。同じ世代の人たちが小学校のころによくつかんだ生き物の上位四種類はボテ、[*4]フナ、モロコ、コイなので、ボテ以外はほぼ同じ種類構成といる。つまり、とれなくなった種類はあるにせよ、木浜地区には一九六〇年以前と

＊4　琵琶湖周辺でのタナゴ類の呼称。

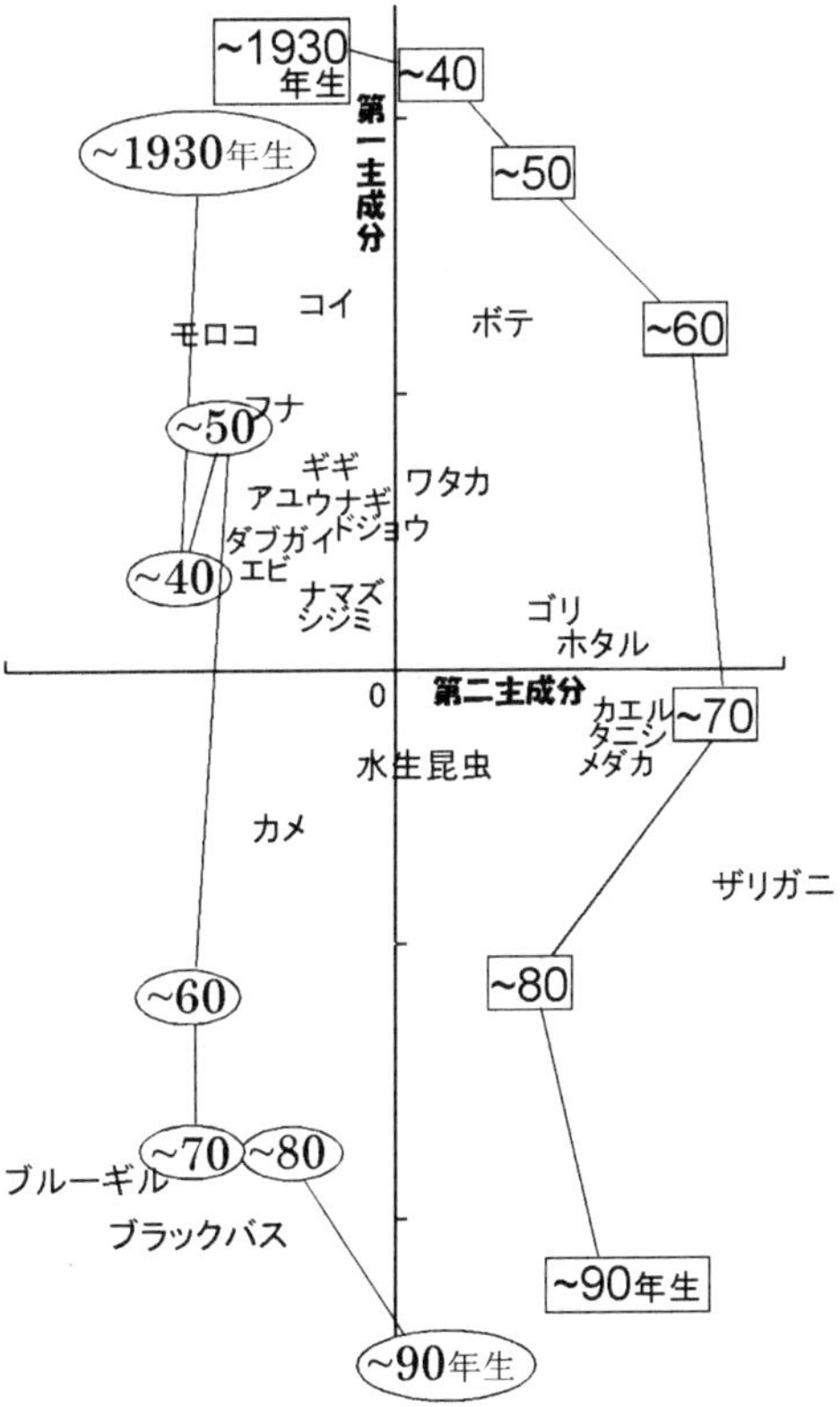

図２　子どものころによくつかんだ生き物と、
最近よくつかんだ生き物の世代による変遷

□ 子ども（小学校）のころによくつかんだ
○ 最近よくつかんだ

同じ種類の魚が今でも生息していて、中高齢者の中には今でもそうした魚を捕り続けている人たちがいることになる。その一方で、子どもたちの「魚つかみ」は、今日ではバス釣りなどのスポーツフィッシングへと向かっているようだ。つまり、現在の子どもたちの「魚つかみ」と、水田漁撈に参加した体験をもつ子どもたち、すなわち現在の大人たちが行う魚捕りとの間に魚種の点で大きな違いがあることがわかった。そこで、現在の大人たちが木浜というムラの領域で、どのような魚捕りを行っているのかについて二つの事例を紹介しておこう。

ひとつは、圃場整備とは関係なく「オカズトリ」を続けてきたNさん（男性、昭和十一年生）の場合である。漁具をつくる家に生まれたNさんは会社勤めをしながら、水田や畑を耕作し、木浜の地先の湖岸にタツベをしかけてニゴロブナなどの魚類を捕り続けてきた。Nさんは魚捕りのために田舟を所有し、漁撈を行っている。

このように、かつての木浜における水田漁撈の伝統を維持する人々もいる一方で、農家Tさん（男性、昭和九年生）のようなケースもある。Ｔさんはかつては「オカズトリ」をしていたが、圃場整備以降は魚捕りをほとんどしていない。ところが、数年前の六月、大雨による水位の上昇で軽微な水田の冠水があった。そのとき、Ｔさんは麦を刈り取ったばかりの水田にコイが入っているのをみつけ、つかんで持ち帰り食べたという。Ｔさんは、Ｎさんのように恒常的に魚捕りを行っているわけではないが、このような営みは、環境の大きく変わった現在の水辺においても持続しているのである。

水辺における環境利用の重層性

私たちが水辺の営みを「遊び」とよぶ場合には、通常、それらが「仕事（労働）」と異なっているという意味になる。しかし、日本の農村で伝統的に農業や漁業、林業を営んできた人々にとって、日々の暮らしは「仕事（労働）」と「遊び」とに簡単に割り切れるような単純なものではなかった。というのも、水田などの身近な自然は、人々の重層的な働きかけを許容する複合的な性格をもつ場だったからだ。そこに、水田を農業に利用しながらも、同じ水田で農家が自然とのかかわりを楽しむ伝統的な「遊び」がなりたつ余地があった。琵琶湖のまわりの農村で行われてきた水田漁撈という水辺への働きかけは、そのよい例である。

これに対して、一九六〇年代にはじまった水田の変化は、結果として農業という営みから自然とかかわる「楽しみ」を奪うプロセスでもあった。稲作の効率化とは、水田という場所の利用を稲作という目的に単純化することだったのである。木浜でも、子どもたちの活動は、かつての水田周辺での「オカズトリ」から、湖でのバス釣りなどのスポーツフィッシングという「遊び」へと向かっているようだ。また、実際に、圃場整備をきっかけとして魚捕りをやめてしまった人は木浜にもたくさんいる。それは、水田は仕事の場所、水辺は遊びの場所という利用上の区別が生じてきたことを意味する。

ただ、木浜では、水田漁撈の伝統は消滅に向かったかというと、そうではなさそうである。もちろん、今日の農家による魚捕りは、かつてのような密度で行われる活動ではない。しかし、Tさんの事例のように、きっかけさえあれば水田漁撈が容易に復活するという事実に私たちは関心をむける必要がありそうだ。というのも、それは、ある世代以上の農家に共通する「楽しみ」の体験と無関係ではないと判断されるからである。すなわち、今後の水辺と水田のあり方を考えていくうえで、水田漁撈という共通の経験は、村民の多くにとっていまだ重要性を失っていない。それは、水辺に生じた変化を仕方がないと肯定しながらも、その変化についてかならずしも全面的には納得できない、農家の複雑な心情と関係があるのではないだろうか。

ナマズ、そして農民と湖、漁民と水田

大槻恵美
（関西大学）

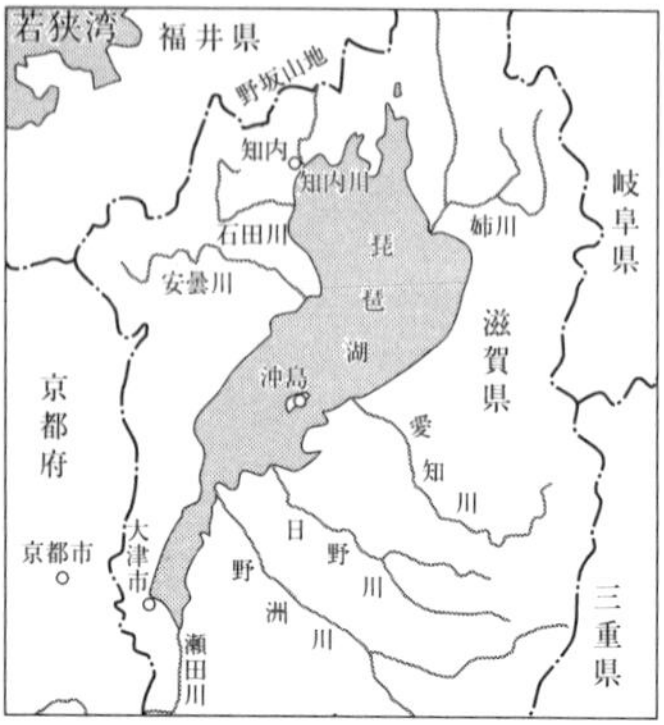

図1　琵琶湖周辺概念図

人とナマズ

私と琵琶湖とのつきあいは十年にわたる。しかしその間、ナマズは主要な関心事にはならなかった。そのことを手がかりに、琵琶湖岸の環境と人とのかかわりの変遷と今を考えてみたい。

私は、人間と環境の関係を人間の側から考え続けている。琵琶湖では一九八〇年代の十年間ぐらい、湖岸の漁村で調査を続け、漁民たちと魚のかかわりをとおしてこのテーマを考えてきた。調査で通ったのは湖西のマキノ町知内《ちない》と、沖島《おきしま》である（図1）。湖西は半農半漁村であり、沖島はよく知られているように専業漁村である。このふたつの漁村の調査を続けてきて、既に述べたようにナマズが、私自身の関心の対象になったことはない。魚として関心の対象になったのはアユであった。そこで、改めてナマズのことを考えてみた。すると、琵琶湖岸の人々の暮らしを二つの面で象徴している魚ではないかと思い至った。

一つは、これまでも述べられてきたように、湖と水田を生活の場にしている魚であり、そのことが私たちに環境の連続性を示してくれること。

それからもう一つは、アユのように全国に流通する商品として、あるいは琵琶湖の名産として大きくクローズアップされるというよりはむしろ、湖岸の人々にとって、日常生活の中で親しんだ魚である、いうならば「普段着の魚」であるということである。この二面についてこれから考えてみたいと思う。

環境のつながりを生きる

まず、最初の点について述べよう。ナマズが私たちにある感動を呼び起こすのは、自然界の関係のつながりが、私たちが普通になに

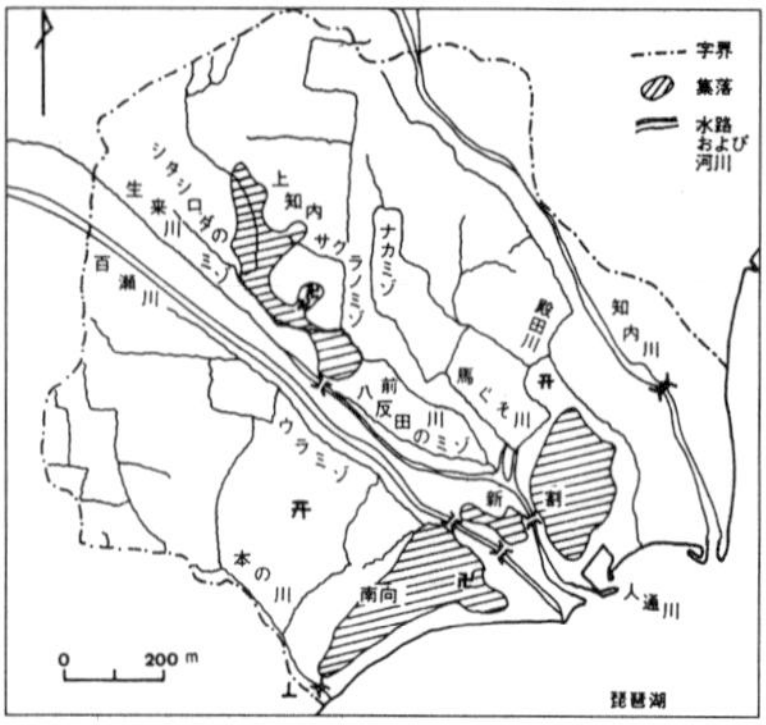

図２　圃場整備以前の知内の集落と水路概略図
（昭和47年『マキノ町首部図』をもとに作成）

げなく考えている自然と、自然でないものの境界を超えていることを、あからさまにみせてくれるからだろう。ナマズは、湖と水田を生きる場にしている。私たち人間からみれば、天然の環境と人工の環境を往き来しているといえる。つまり、天然と人工という、人が対立するものとして捉えてきたものの境界をナマズはさらりと超えてしまっている。もちろん、ナマズにとっては天然も人工もないのだろうが。そのようにナマズが往き来していることが、改めて湖や川、水田、水路など、私たちが分けてきた、環境のつながりというものを、思い知らせてくれる（図２）。

　と同時に、そのことによって水田という人工物が、天然と人工の環境を越えるものであったことに、人間の営みに対する、ある種の可能性というものを感じることができる。田んぼってなかなか面白いなとか、田んぼってすごいなという思いを私たちに掻き立ててくれる。

　それは私たちが創ってきた人工物が天然との境を際だたせることなく位置づけられていた、環境のつながりの中にそれなりに収まっ

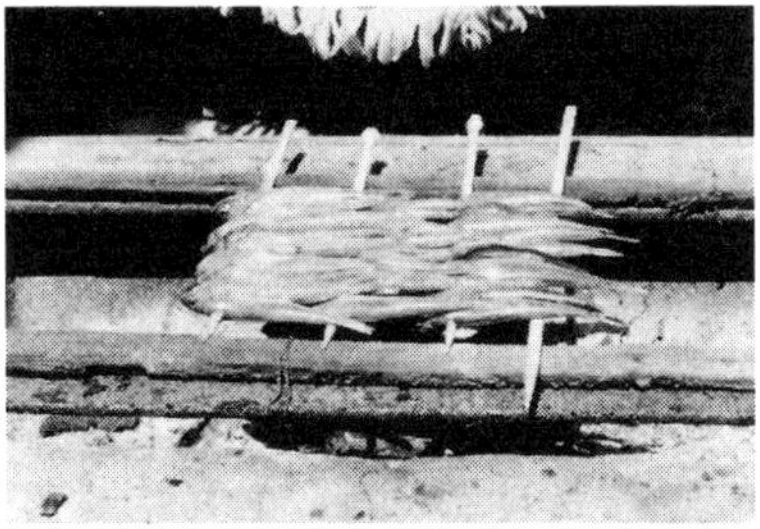
写真1　アユの串焼き。串に刺したコアユを炭火で焼く。これを干して保存食としたものは日常のおかずとなった（1984年、知内にて、筆者撮影）

ていた、ということでもある。

普段着の魚

さて、第二の点、「普段着の魚」であるということを考えてみよう。ナマズが私の関心の対象にならなかったというのは、もちろん、調査の目的からみて視野に入らなかったということがある。が、調査した地域の特性や八〇年代という調査の時期ともかかわってくるだろう。

調査地の一つは湖西の北、北湖であった。よく知られているように、北湖というのは、どちらかというと南湖よりアユの比重が高いところである。一般にアユはナマズよりも琵琶湖特産の魚として有名であり、高級魚といわれたりもする。ナマズを「普段着の魚」というならアユは「よそゆきの魚」といってもよいだろう。しかしこの地域ではアユが普段着の魚であった。アユは日常のおかずとしてよく食べられただけではなく、干しアユをだし用に使ったり（写真1）、干鰯《ほしか》と同じ用途で、水田に入れて肥料に使った。アユは、湖

写真２　沖島のナマズのじゅんじゅん。すきやきのことをじゅんじゅんという。寒いときには体が温まる。魚はコイ、ナマズ、イサザ、マスのいずれかを使う（農山漁村文化協会 提供）

岸に近寄ってきたり、川の河口部に上ってきたりする。そこで漁船を持たない人でも捕ることができたのである。人々の生活環境の近くに棲息し、そのため人々がよく捕り、よく利用した魚なのである。

それに比して、もう一つの調査地である沖島は水田がほとんどない島の、しかも専業漁村であったため湖で商品として捕れる魚がどうしても目についてしまった。一方、調査の時期の八〇年代というのは圃場《ほじょう》整備もほぼ終わり、湖岸の環境や漁業のあり方が移り変わった後であった。

このようなことを思い起こしてみるとあらためて、かつては湖と人々とのかかわりが日常的で親しかった、ということを強く感じとることができると思う。そして、ナマズもこの日常の親しさのもとにあったと捉えることができるだろう（写真２）。

湖岸の多様な環境の利用

これらのことは、ナマズと関わってきた人間の側も、岸辺の環境というものを非常に広く生活の場として利用してきたことを示している。

一例として表1を検討してみたい。これは私が湖西で調査した湖岸での漁業の実態を整理し、大正期から昭和五十年代までの年代別に、漁場や漁法などと対応させてまとめたものである。これによって年代別に漁業の変化を読みとることができるだろう。大正期から戦前までは湖から湖岸そして沼地、河川、水田など陸側のいわば「水のあるところ」(表では内陸水とした)など、魚の棲息しているところがひろく漁場として利用されていたことがわかる。そして漁場の多様性に即して捕獲魚種も多様であったし(表では主要なものしか記していない)、漁法も湖の沖合で使用する底曳網《そこびきあみ》から、様々なタイプの筌《うけ》まで実に多様であった(写真3、4)。この後の討論で検討される守山市木浜《このはま》でも、基本的に同様の多様性はみられる。表2は『大正期の漁法』を参照してまとめてみたものであるが、漁法から漁場との対応をみてみたい。大魞《えり》と小《こ》糸網《いとあみ》は主に湖を漁場としていた。モンドリは湖岸や水路、エビタツベは湖でも湖岸に近いところが漁場となっている。木浜は大魞(写真4)で非常に有名な

表１　マキノ町知内における漁場と主な漁法の変遷（大槻恵美, 1984）

年代／漁場		大正〜昭和10年代		昭和20〜40年代		昭和50年代	
		漁　法	主な漁獲物	漁　法	主な漁獲物	漁　法	主な漁獲物
湖		地曳網	アユ	地曳網	アユ	地曳網	アユ
		タチ網（荒目網魞）	マス	タチ網	アユ	タチ網	マス
		小糸網（刺網）	フナ・マス・ハス	細目魞	アユ	細目魞	アユ
		長小糸網（刺網）	マス	小糸網	フナ・ハス・ウグイ	小糸網	フナ
		イサザ曳網（底曳網）	イサザ・エビ	長小糸網	マス	長小糸網	マス
		モロコ曳網（底曳網）	モロコ	細目小糸網	アユ	細目小糸網	アユ
		竹筒	ウナギ	イサザ曳網	イサザ・エビ	フナ三枚網（刺網）	フナ
		流し釣（はえなわ）	ウナギ	モロコ曳網	モロコ	イサザ曳網	イサザ
				沖すくい網	アユ	モロコ曳網	モロコ
				竹筒	ウナギ	沖すくい網	アユ
				流し釣	ウナギ	竹筒	ウナギ
				タツベ	エビ	流し釣	ウナギ
						タツベ	エビ
湖岸		カキダモ	アユ	カキダモ	アユ	追いさで	アユ
		追いさで	アユ	追いさで	アユ		
内陸水	河川・水路	かっとり簗	アユ・ハス・ニゴイ	かっとり簗	アユ・マス	かっとり簗	アユ・マス
		秋簗	マス	川魞	フナ・ハス・マス	川魞	フナ・マス
		川魞	ハス・フナ・マス	追いもち	アユ	モンドリ	
		追いもち	アユ	船投網		タモ・ヤス	
		流し網	マス	四手網			
		打網（投網）		モンドリ	フナ		
		四手網		タモ・ヤス			
		ハネダモ（敷網）	アユ				
		モンドリ（筌）					
		モージ（筌）					
		筒	ウナギ				
		フセ（漬柴）	フナ				
		セチガエ	ナマズ・フナ				
		ハリ	ウナギ				
		ヤス・タモ					
	沼・水田	押し網					
		フセ					
		タモ・ヤス	コイ・ナマズ				

表２　大正期の木浜の漁法と漁獲魚種

（滋賀県教育委員会・㈶滋賀県文化財保護協会, 1979）

漁　法	漁　獲　魚　種
大　　魞	フナ、コイ、ハス、ウグイ、ワタカ、マジカ、ギギ、マス
小　糸　網	フナ、ワタカ、モロコ、ナマズ
モンドリ	コイ、フナ、ナマズ
エビタツベ	エビ

写真3　水田の水路に仕掛けられたモンドリ
（1984年、知内にて、筆者撮影）

ところだったが、そのようなところでも水路で漁をし、モンドリなどでナマズを捕っていたことがわかる。

漁師だけが魚を捕るのではない

ところで、漁場や漁法が多様である、それから捕っていた魚が多種であったということだけではなく、魚を捕った人間にも目を向けてみなければならない。捕っていた人も、湖岸に住む人ならば誰でもそうだ、というくらい、みんなが魚を捕っていた、ということを忘れるわけにはいかない。湖岸の村というのはほとんど半農半漁村である。そこには、農業のかたわら魚を捕る人もいれば、漁業のかたわら農業をする人もいる。生計維持のために捕ったり、おかず捕りであったり、あるいはレクリエーションとして捕ったりした。さらにそれぞれに漁が生活に占める比重も違う。漁具の種類がいろいろあるというのは、どんな魚をどこでどのように捕るかという組み合わせのバリエーションが非常に多かったということの現われである。それは単に漁場や魚の問題だけではなく、人が何のために魚を

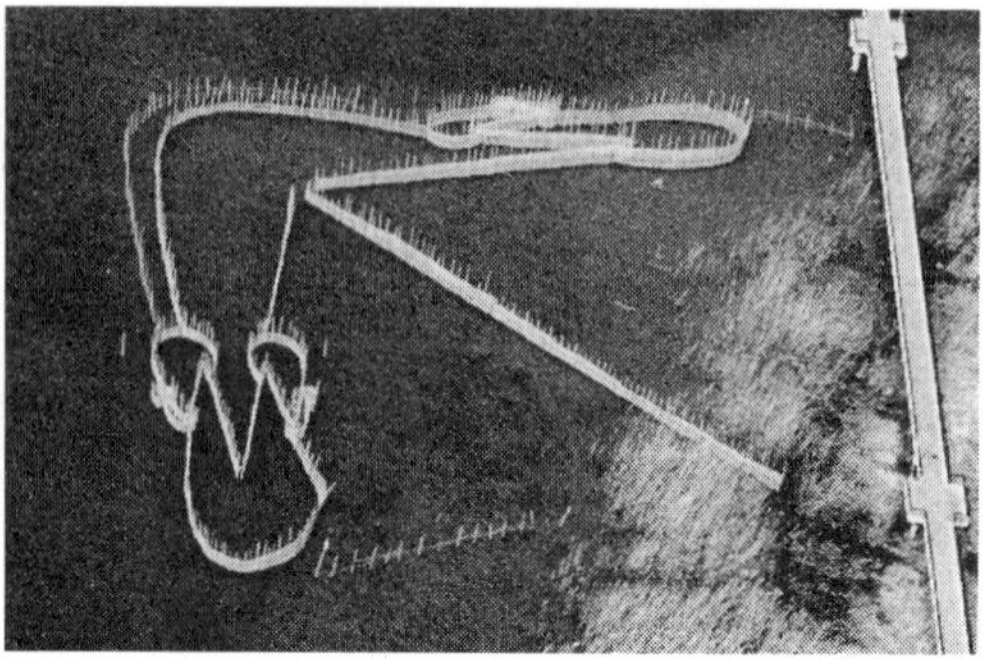

写真4　琵琶湖の魞（1962年、大津市雄琴・前野隆資 撮影）

捕るかという事情の多様性の結果でもある。

湖と陸との相互浸透と分断

しかし、周知のように、そして表1からもみてとれるように湖岸との関わりは、戦後、変化してゆく。漁場も漁法も少なくなり、漁獲魚種も限られてきた。その変化と深く関わるのが、湖岸の環境の変化である。湖辺の環境というものは、陸地と湖があり、その境目は互いに相互浸透していたようなところである（写真5）。まさに秋道氏が「ずぶずぶ」と表現したようなところを媒介《ばいかい》にして湖と陸がつながっていた（25頁参照）。そのつながりがあってこそ、魚は湖と人間が住む陸側を往き来し、それゆえ人々は多様な環境に棲む魚を利用することができた。それが戦後、干拓や、圃場整備などによって、陸と湖の境界が非常に明瞭にされてきた。

　たとえば木浜でも、湖と接したところは、縦横に水路がはりめぐらされていた（140頁写真1左参照）。湖岸に集落が営まれたために、陸と湖が相互浸透したところが整備されてこのように水路が張り巡

写真5　ヨシ原のあいだの投網漁。かつて湖岸にはこのようなヨシ原が広がっていた（1957年、近江八幡市円山町・前野隆資 撮影）

らされるようになったと考えてもよいだろう。しかしその後、水路が埋め立てられ、現在では陸地化されている（140頁写真1右参照）。

このように、戦後の変化のなかで陸側と湖側は、明確に分けられてきた。漁の面からみてみるなら、内陸水にあたる、水田とか水路での漁は、ほとんどおこなわれなくなった。人の側も変化し、誰もが魚を捕るようなことはなくなってしまい、漁をするのは漁師の仕事になった。結局のところ、変化の中で水を通してつながっていた環境の連鎖を分断してしまい、湖と陸の境界を非常に高くしてきた。それは人の意識の中にも湖と陸の分断を生んだ。しかしナマズは、このような変化のなかで、しぶとく両方を往き来し続けてきた。

境界を越えて

今、私たちが湖岸の環境と人々との関係というものに、思いを至らせるのなら、私たちが立ててしまった、様々な境界というものにとらわれずに、岸辺の環境と私たちの関係を考えてみる必要があるのではないか（図3）。そのときに、湖のすぐそばで、暮らしてきた

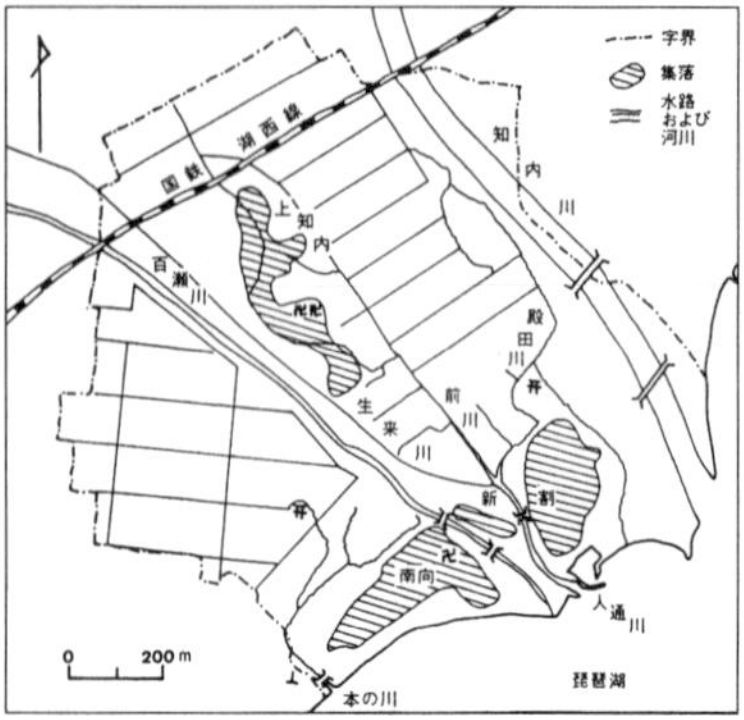

図3　圃場整備以後の知内の集落と水路概略図
（昭和50年『マキノ町首部図』をもとに作成）

人々の具体的な体験というものをあれこれ出しあって考えてみることが役に立つのではないだろうか。今なら、何気なく日常的に付き合っていたために気づかなかったことが多く見つからないだろうか。

農民は稲を栽培する農業の場であった水田で魚を捕っていた。なら、その農民にとって水田とつながっていた湖はどんな存在だったのだろう。漁民は湖で魚を捕っていた。なら、その漁民にとって湖の水や魚が行きつ戻りつしていた水田とはどんな存在だったのだろう。はたまたほかにどんな「越境」があったのだろう。それを「かつての環境とのよい関係を取り戻そう」などと性急に考えないで、なるべくじっくりと、いろいろ、掘り出してみることから始めてはどうだろうか。生活と一体になっているからこその関係というのが人間と環境との関係では大きな意味を持つ。生活も環境の関係の連鎖も隠された関係がいくつにも絡み合って成り立っている。そこでとりあえずの有用無用はおいておき、少しゆっくりとあれこれ掘り返してみるのがよいだろう。

総合討論　鯰からみた田んぼのゆくえ

（司会）牧野厚史（滋賀県立琵琶湖博物館）
北村　孝（守山市木浜自治会会長）
北村　勇（守山漁業協同組合組合長）
泉　峰一（滋賀県農政水産部農村整備課）
藤岡康弘（滋賀県農政水産部水産課）
大槻恵美（関西大学）
前畑政善（滋賀県立琵琶湖博物館）

一、田んぼの変化をどう捉えるか？

牧野　それでは総合討論を始めます。魚類研究者の前畑政善さんは、ナマズが水路から田んぼに上れなくなっている現状を説明しました。ナマズから見れば、田んぼは湖から切り離されてきているわけです。このような事態が生じたのは、一九六〇年代に圃場整備《ほじょうせいび》が

（右）牧野厚史氏（司会）、（左）前畑政善氏

はじまってからのことでしょう。また、社会地理学研究者の大槻恵美さんは農民・漁民という人と人との関係に視点をおいて話をされました。これからの田んぼを考えるためにはナマズとつきあってきた地元の人々の気持ちはどうか、という問題があります。もちろん、田んぼと水路の変化をもたらした琵琶湖総合開発という大規模開発や土地改良・圃場整備事業については、研究者、農民や漁民、農政と水産行政などの立場によって評価や考え方が違うでしょう。

今日は、農村整備に携わる泉峰一さん、水産行政から藤岡康弘さんという滋賀県の政策に携わるお二人、さらに、地域の農家代表として北村孝さん、また、同じく地域の漁家代表として北村勇さんにおいでいただきました。両北村さんはともに守山市の木浜《このはま》にお住まいです。また、問題提起者である大槻さん、前畑さんにも参加していただいて、田んぼのゆくえについて話あっていきたいと思います。

農村整備の動向

牧野　最近の農業政策の現場では方向がだいぶん変わってきたと

思うんですが、まずそのあたりを泉さんから、ご紹介頂きたいと思います。

泉　私がこの場に呼ばれたのは、長年圃場整備を担当してきたからだと思います。しかし、時代の流れとともに整備内容は変わっていますので、簡単に振り返ってみます。

かつては琵琶湖の周りにたくさんの内湖がありましたが、戦中・戦後は食糧増産のために干拓が行なわれました。一九四〇（昭和一五）年に約三〇〇〇ヘクタールあった内湖は、戦後の一九六五（昭和四〇）年には、四三〇ヘクタールにまで激減しました。干拓した農地は地盤が低く、稲作にはそれでよいのです。しかし、一九六五年以後は米が余ってきます。外国からの食料が入り米の食べ方が変わってきたこともあって、稲だけでなく麦や野菜も作れるように田んぼを変えていこうと圃場整備が始まったわけです。また、農家の兼業化や国の政策動向もあります。当時は、高度経済成長期で、勤めに行って収入を得たいということで兼業化が進みました。農業は早くすまして勤めに行く。それと、畑状の構造をした田んぼを汎用化水田といいますが、国の政策として米ばかりでなく麦も田んぼで作れるようにということで整備は進んでいます。

滋賀県では、琵琶湖総合開発事業が一九七二（昭和四七）年に始まり、国による事業の補助率も若干アップして短期間に圃場整備が進みました。現在、目標の約九割まで整備がすんでいます。整備による農業の機械化によって、滋賀県の農家所得は全国でもトップクラスになりました。ただ、農業所得は全国最下位クラスです。農業ではあまり収入を得ていませんが、農家は豊かになったということです。

圃場整備事業の功罪

泉　圃場整備をやったことで琵琶湖の周りに確実に田んぼが残っております。「第二の琵琶湖」という田んぼの言い方がありますが、琵琶湖に匹敵する面積の田んぼが残ったわけです。圃場整備によって、耕作放棄や市街化によるスプロール化（虫食い状の開発）を防ぐことができています。都市化の圧力が強い草津市より西の地域で

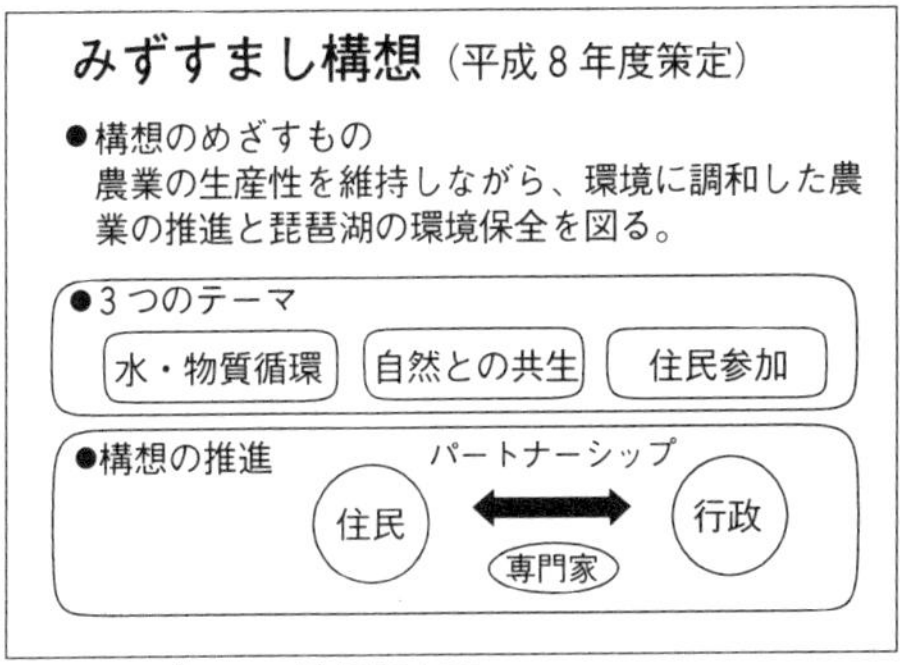

図1　みずすまし構想概念図

も、一定のまとまった形で田んぼが守られています。これは圃場整備の大きな成果だと思います。

もちろん、圃場整備による田んぼの変化には批判もあります。魚が棲みにくくなったのは事実だと思います。また水路の変化もあります。用水路は、高いところに水を流して田んぼに水を入れるわけで、漏れると困りますから三面コンクリート張りです。排水路は、横にコンクリート板を当てますが、底も斜面も土ということで、ほとんどが土の状態です。ただ、田んぼの水を落とすところですから深くしなければならない。急にトンと落ちていますから、田んぼに魚は上りにくいと思いますね。

最近では、国も新農業基本法などで「環境にもっと配慮せよ」といっています。滋賀県では、国の法律よりも少し早くからやりかけたわけです。それが一九九六（平成八）年の「みずすまし構想」の策定です（図1）。滋賀県では「琵琶湖保全」という基本理念があり施策を立てやすい面もあります。これは、環境にもう少し配慮した農村の整備なり営農をしようということで、琵琶湖の水質や生態

写真１　『滋賀の田園の生き物』（滋賀県農政水産部、2001）

系の保全に方向を若干シフトしながら施策を進めているわけです。また、琵琶湖の周りの田んぼの生き物を三年かけて調査し、図鑑風の本をつくりました（写真１）。水田や水路には思った以上に生き物がたくさんいます。湖の周りにこれだけ残っている水田を、今後うまく活用といいますか、若干手を加えればもう少し生き物といい関係ができるんじゃないかと考えます。ただ、そんな手間かかることを農家だけでやれといっても無理で、非農家も含めて住民と一緒に、この田んぼをいいかたちにしていく事を目指しております。

　琵琶湖博物館のある草津市下物《おろしも》町では圃場整備が終わっていますが、田んぼにフナが上がったと聞きました。見に行くと泥が溜まって排水路が浅くなっています。管理が悪いのですが、大雨になりますと水がドッと田んぼまで突っ切ります。そこにニゴロブナが上がって産卵しています。圃場整備後も、やり方によってはフナが田んぼに上るわけです。そこで、水面が田んぼと近くなるように、階段状にして水をためようかと考えています。田んぼの排水口を地元ではシリミトといいますが、それを少し形を変えれば田んぼまで魚は上ります。今年から実験を始め、水産課とも一緒に検討しだしたところです。今までの反省も若干ありますけれども、ちょっとは考える方向に動いているということです。

滋賀県の整備が変化した理由

牧野　これまで田んぼを作物の工場のようにしてきたことに対して、生態系についても配慮する方向に政策が変わってきたというお話でした。ただ、農業や漁業に役立つかどうかで生き物を分けますと、役に立たない生き物についても調査されてますね。こういう変化は、なぜ起こってきたのでしょうか。国よりも県の方が早かったとのことですが、その理由についてお伺いしたいのですが。

泉　はっきりとは言えませんが、滋賀県の場合、「琵琶湖のため」という気持ちはどの農家にもあると思うんですね。行政だけが言ってもできないわけです。圃場整備では、国も県も補助金を出しますけども、農家が金を出し、農地を提供して水路もできるわけです。管理もしてもらうわけですから、皆さんの気持ちがそういう方向に向かないとハード的な施設整備まで進んでこない。県が買収してやるわけじゃないので、そこが河川改修とは違います。琵琶湖の周りや周辺の住民の方なり農家の方に、琵琶湖を見直し環境を良くしようと、そういう雰囲気が出てきた。木浜でも水質保全対策事業で濁りを出さないとか昔のクリークを復活させようとか、そういう動きが出てきてるんです。みずすまし構想はソフト事業で、研修したり講演会したりといったことに時間がかかります。一気に方向転換して、今日から一切コンクリートは使わないということにはなかなか向かわない。おおかたの方が、「管理に多少手間かかってもしゃぁないな」という風にならないと進んでいかない。時間をかけながらそういう方向に誘導する——言い方が悪いですけれども、行政としてはそんな方向に向かってほしいなということです。

水産行政の立場からみたナマズ

牧野　では、ナマズという魚に話をむけます。大槻さんは、ナマズは漁業者にとって重要だったか、また、ナマズの意義は水産資源

藤岡康弘氏

としての重要性とは別ではないかという話もされたんです。藤岡さん、水産行政にとってナマズはどんな魚なのでしょうか？

藤岡　まず、水産業におけるナマズの位置付けを示す資料ということで内水面漁業での漁業権の対象となる魚種を調べました。川でアユを釣るのに漁業組合にお金を払う場合、アユの漁業権があるといいます。その漁業権魚種にナマズを指定している都道府県を探しました。重要な漁業対象であれば指定しているはずですが、茨城・長野・愛知・岐阜・岡山県の五県だけです。岐阜ではナマズの蒲焼《かばやき》を食べさせるところがあります。このように漁業権魚種にしている県ではナマズを増やす努力をする義務があります。種苗放流をしたり、産卵場を造成したりする義務を負うわけですね。

琵琶湖ではナマズは三種類いますが、ビワコオオナマズはまずいということで、昔から商品になっていません。みなさんよくご存知で食べておられない。北湖の方ではイワトコナマズ、南湖では普通のナマズが、商品として出回っています。ですから、ナマズの統計数字は、両方が混じっているわけです。現在も北湖のほうでは、ハエナワという、紐にたくさん針をつけてナマズを釣るという漁法でイワトコナマズが若干漁獲されているということです。

そこで、琵琶湖漁業全体からナマズをみてみます。一九九九（平成一一）年に滋賀県漁業協同組合連合会（県漁連）が琵琶湖の周りの漁業組合から聞き取って集めた漁獲量の統計と、その三十年前、一九六九（昭和四四）年のデータを比べてみました（図2）。漁獲統計にある魚の名前は、雑魚《ざこ》とか入ってますのでいずれも商品名です。一九六九年では、多い順番にシジミからその他まで三〇品目ありまして、二三番目にナマズがようやく出ております。ところが、現在、ナマズはほとんど統計に出てきません。つまり、漁獲量が激減していることがわかります。獲る人が少なくなったこともありますが。

ただ、エビ、ゴリ、マスは現在でもそれほど変わっていません。アユなんかは三〇年前より増えています。現在、水産の政策としましては、シジミとか、これはセタシジミのことですが、アユとか、フナ、鮒寿司の原料のニゴロブナやゲンゴロウブナ、そのほかホン

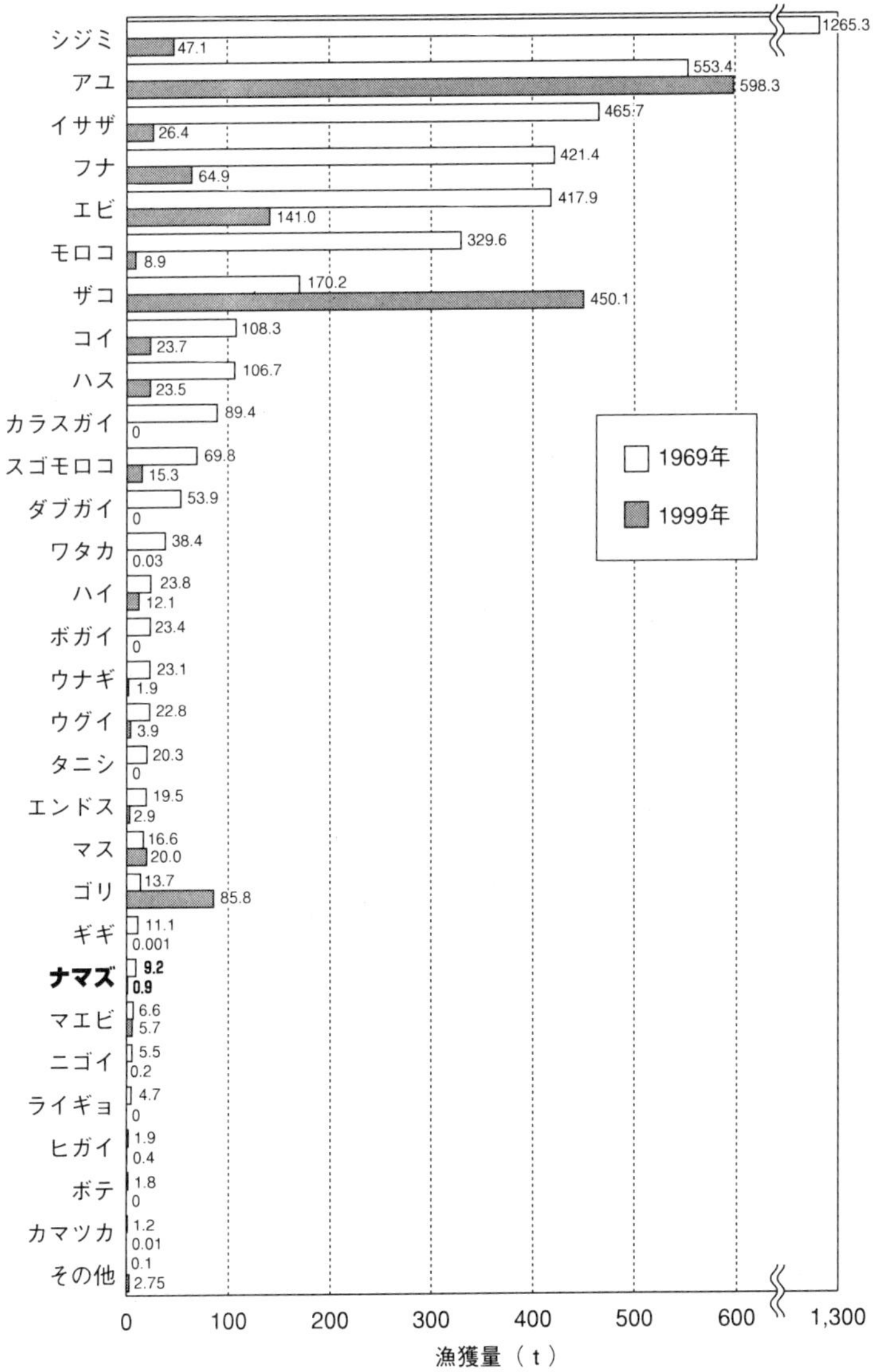

シジミ
1265.3
47.1
アユ
553.4
598.3
イサザ
465.7
26.4
フナ
421.4
64.9
エビ
417.9
141.0
モロコ
329.6
8.9
ザコ
170.2
450.1
コイ
108.3
23.7
ハス
106.7
23.5
カラスガイ
89.4
0
スゴモロコ
69.8
15.3
ダブガイ
53.9
0
ワタカ
38.4
0.03
ハイ
23.8
12.1
ボガイ
23.4
0
ウナギ
23.1
1.9
ウグイ
22.8
3.9
タニシ
20.3
0
エンドス
19.5
2.9
マス
16.6
20.0
ゴリ
13.7
85.8
ギギ
11.1
0.001
ナマズ
9.2
0.9
マエビ
6.6
5.7
ニゴイ
5.5
0.2
ライギョ
4.7
0
ヒガイ
1.9
0.4
ボテ
1.8
0
カマツカ
1.2
0.01
その他
0.1
2.75
1969年
1999年
0
100
200
300
400
500
600
1,300
漁獲量（t）

図2　琵琶湖漁業における漁獲量

モロコなどの資源を回復したいと考えています。水産の政策は基本的には増殖対策で、それらについては、資源維持のために種苗《しゅびょう》を生産して琵琶湖へ放流しています。また、アユの場合は、安曇《あど》川と姉《あね》川の河口部にある人工河川で産卵させて孵化《ふか》した稚魚を琵琶湖へ流すということもしてきました。

さて、今日は、私は泉さんをがんがん攻める役のようにも思いますけれども、正直いってナマズの話になりますと、立場上、非常に苦しいわけです。というのも、水産物としてナマズはあまり重要視されてきませんでした。商品としては、アユやフナ、モロコ、こういった魚が価格的にも高くて漁師さんの収入源になるので、そちらの対策が重視され、店に並ぶことの少ないナマズなどが放っておかれたことは否めないと思います。

漁業者にとってのナマズ

牧野　大槻さんは、捕った人が自分で食べる「普段着の魚」とアユのように商品として販売される「よそ行きの魚」に分けましたが、田んぼに上がってくる魚には両方の魚が混じっています。というわけで、田んぼに上がってくる魚種のなかでナマズの意味を考えた方が面白そうですね。北村勇さんは魚と日常的に接しておられるわけですが、守山には三大魚種とよばれる魚があるらしいですね。

北村（勇）　守山だけじゃなしに県下全般でいうことで琵琶湖の三大魚種といえば、アユ・フナ・モロコです。ナマズは入っていません。ですが、僕の記憶からちょっと話しますと、小さい時はナマズのすき焼きですね（158頁写真2参照）。一番簡単な方法で一回、皆さんにやっていただきたいなと思うんだけど、おなかを割って臓物だけ出して、後はぶつ切りでおなべに入れて、野菜はネギだけ入れて後、おしょうゆとお砂糖で味をつける。非常にそれがおいしくて、あしらいのネギが非常においしい。そういった感じを僕は持っておって。

あといま、どういう風に漁業者がナマズを扱っているかというと、雑魚を売る人を昔は雑魚屋さんと呼んでいましたが、その雑魚屋さんが注文者にコイとかナマズを売られていた。それが最近の雑魚屋さん仲買《なかがい》さんは生では魚をほとんど出されない。皆さんの食卓に使

北村　勇氏

うのは、パックに入れた加工された魚になってきている。そういった形に変わって、ナマズも売れなくなった。当組合でも、注文があればナマズを出すだけで、あとはみんな放流してしまうから数字が上がってこないのが現状だと思います。好きな人はいろんな食べ方、蒲焼とかすき焼きとかされていると思いますけど。僕のとこも、「すき焼きしようか」といってもなかなか子供たちが「うん」と言わないですね。ぼくは毎日というほど親父からナマズのすき焼きを食べさせられて、ナマズで育ったような感じでも若干あるんですけど。

ナマズ以外の魚についてですが、三〇年前の一九七二（昭和四七）年には、琵琶湖全体では五〇〇〇トンの漁獲があったわけです。それが今平成一一年度では一四〇〇トン、今年は一〇〇〇トンを割るんやないかというところまで漁獲量は下がっております。これにはいろんな理由があると思うんです。やはり、耕地整備とか。ナマズだけやなしに、いろんな魚が孵化して琵琶湖に帰る、そういうものが非常に少なくなってきている。もう一つは一九七二年から琵琶湖で水資源の総合開発がなされた。漁業者も今までは浅瀬や岸辺に来

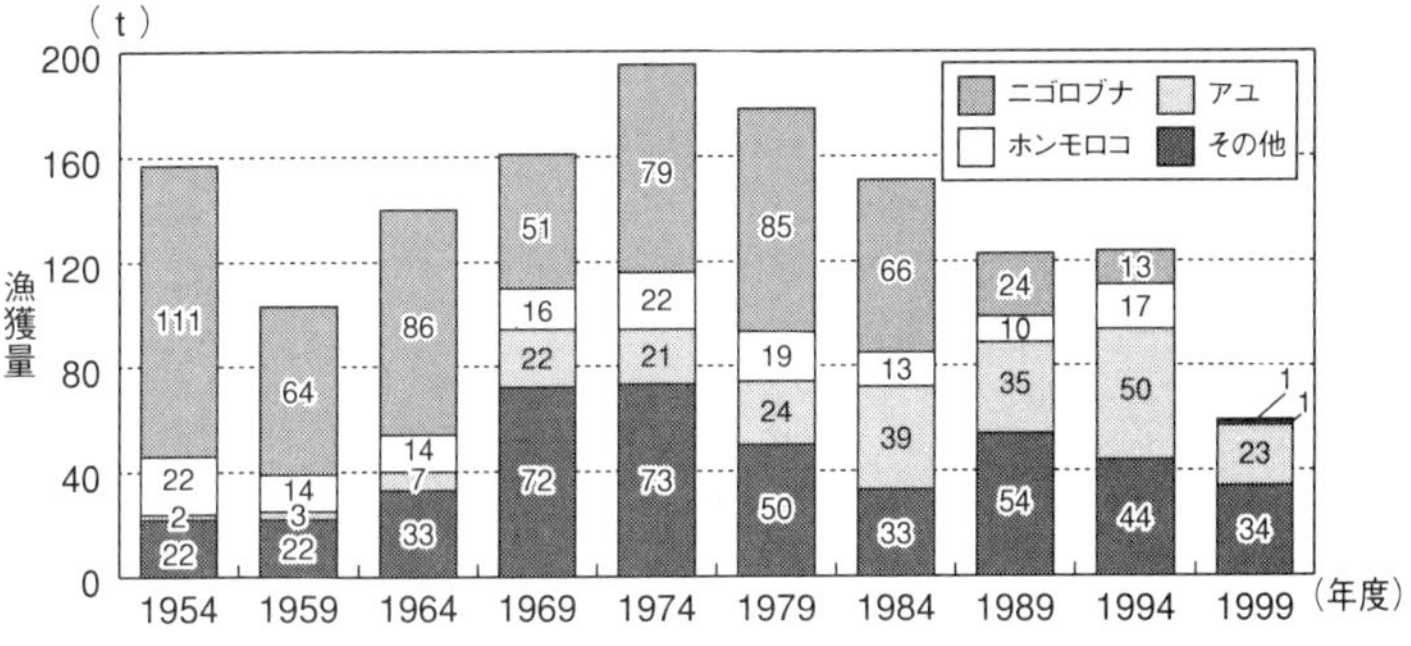

図3　魚種別にみた漁獲量の変遷（守山漁業協同組合資料）

る魚だけをつかんでいたのが、減産補償をうけて非常に優れた漁船や漁具で琵琶湖のどこでも獲ることが多くなってきた。また、カワウの問題。カワウもだいたい琵琶湖に約一万六千羽いるといわれています。カワウが漁業者よりよくつかんでいるという現象も事実出ていますし、また外来魚も原因しているように思います。

守山漁協でもアユを除いて漁獲が減っております（図3）。アユには、佃煮《つくだに》や鮮魚としてあげられるアユと活《かつ》アユがあり、河川放流や養殖のために全国の養殖屋さんへ出荷される生き魚を活アユといいます。それらは、一九八九（平成元）年も、二〇〇〇（平成一二）年も量的にはそれほど変わっていません。

しかし、他の魚種は、ほとんどの漁獲がダウンしております。ニゴロブナについては一〇年間に一〇分の一くらいに減っております。ホンモロコについては二〇分の一くらいに減っている。県の水産振興協会というところで、「もう滋賀県民はモロコが食べられませんよ」と理事長に話したことがあるんです。守山の組合でも、一キロ一万円するんですね。そしたら誰も売れない。高級料理店とかに一〇〇グラム、二〇〇グラムといったごくわずかな量で魚が持っていかれる。そういう状況です。水産課の方でも、一二〇〇トンくらいまで減った漁獲を一〇年後には三九〇〇トンまで増やす計画を持っておられます。しかし、今しばらくは漁業者は非常に辛い立場でしんどいのちゃうかなというふうに思っております。

さっき、田んぼの話が出て、農業者と漁業者と喧嘩やないかな、というような話が出ていたんですけど、木浜土地改良区では、県の「みずすまし構想」事業として、琵琶湖に農業排水を出さず循環式の排水を実施している。われわれ漁業者にはありがたいことで、県漁連の会合でそんな話を自慢気によく話しています。また、県でも、赤野井《あかのい》または人工島などへの対策が計画されております。そういったことで琵琶湖の漁業としても、少しだけ明るい見通しがあるんじゃないか、と僕は考えております。

牧野　ありがとうございます。北村さん、これは漁業者が獲らなくなったのではなく、獲ろうと思ってもこういう漁獲になってしまったということですね。

＊1　琵琶湖総合開発事業（一九七二〜九七）の一事業として、琵琶湖岸に建設された水位上昇による洪水を防ぐための堤防（総距離約五〇キロメートル）。堤防上の大部分に、管理用の車道が設けられた。

北村（勇）　はい、そうです。

牧野　一〇年前、一九八九（平成元）年ごろまでは、まだけっこう獲れていたということですが、フナやモロコが急激に減ったのはこの一〇年間の動向なんですね。

北村（勇）　はい。琵琶湖の総合開発が終わってそのツケがまわってきている。僕いつも組合員に話するんですけど、湖周道路[＊1]ができて、ここの博物館にも非常にはやく来られる。しかし、魚に対してどうだろう。実際、産卵場所もなくなり、いろんなことで魚がいなくなってきている。特にモロコなんかは一九九三（平成五）年以後から、ものすごく減産しています。

イオジマ（ウオジマ）の消滅

牧野　北村勇さんにはもう少しお話しいただきたいんですが、琵琶湖全体のフナの漁獲量の一年の推移をみますと、漁獲は、産卵のために岸辺によってくる春から初夏の時期に集中していますね？　そのフナがナマズと一緒に田んぼにも上がってくるわけですが。

北村（勇）　北湖の知内には、イオ（ニゴロブナ）があまりあがってこない、アユ一色ということを大槻さんはいわれましたけど、南湖の守山の方では、アユよりも、鮒寿司の材料となるニゴロブナ一色という感じで、〝イオジマ〟いうて、イオが島のようになって入ってくる、南湖の方へ寄せてくる。それで、イオジマといわれて漁獲されてきたわけです。

木浜には非常に大きな魞《えり》があって、田舟《たぶね》いっぱいに沈没するくらい魚を積んで、何隻も引っ張って帰ってこられた。大きな魚がいっぺんに押し寄せてくるイオジマでは、そんな漁法があった。しかし、イオジマはなくなった。雨が降っても魚が来なくなった。いまは、イオジマという言葉が漁業者の中でも使われなくなったと思うんです。

圃場整備実施以前の農家と魚とのつきあい

牧野　ニゴロブナのように、ナマズと一緒に田んぼに上がってくる魚の話になってきているんですけども、イオジマは木浜の農家の

写真２　1970年頃の木浜の舟溜（木浜自治会 所蔵）

方にもおなじみの言葉ですね。そこで圃場整備前の一九六〇年代以前の農家と魚とのつきあいについて、北村孝さんからご紹介いただきたいと思います。

北村（孝） 木浜は、ホリ・ギロ・魚・田舟・ヨシといういわゆる自然の農耕を営んできた地域なんです。琵琶湖に面した田んぼがあり、圃場整備前は、集落の中に舟溜《ふなだまり》がありました（写真２）。何軒かが共用する舟溜ですが出航点です。田舟にのって碁盤の目のようなホリ（水路）を通過し、途中に四つの大きいギロ（内湖）があります。そこをわたって赤野井湾の近くまで行きます。櫓《ろ》か棹《さお》をさして、一番奥の田んぼまでは男性で約四〇分かかります。それで、田んぼへ行った昼休みとか、少し早く田んぼを切り上げて帰る道中でタモとかのいろんな漁具を使いまして魚を獲り、家に帰って夕食のおかず、またはあくる日の副食にする。それは自然にサイクルをした生活の一部分なんですね。

専門の大掛かりな方法で魚を獲られる方が漁業者で、琵琶湖が主ですが、内湖でも琵琶湖岸でも魚を獲られておりました。木浜はヨ

北村　孝氏

シ場に囲まれた地域なんです。四月から五月、六月、いわゆる梅雨時期になりますと琵琶湖の水位が上りますね。田んぼの上流からの降雨の水も内湖へ流れてきます。琵琶湖に面した地区の田んぼは低いんです。ですから大雨がいっぺん降ると田んぼが冠水するわけですね。

琵琶湖と田んぼの水位があまり変わらん時期に、魚も内湖へ入ってきます。田んぼと田んぼの溝といいますか、ヨシ場のとこに何ヶ所かそれがあるわけです。大きな堰《せき》も別にあって、ギロ（内湖）の水位調節をしています。内湖の水位が下がるとポンプで琵琶湖から内湖へ水を通わす。それを田んぼにそれぞれ通わす——そういう農業をしておったわけですね。魚につきましては、家の裏のホリには絶えず、ボテ、それからメダカ、ハエ、オイカワ、ドジョウ、それから私どもの地域ではネッチンコといっているんですが、ナマズに似た魚（ギギ）などが、だいたい五〇センチから一メートルくらいの水深で水が澄んでますから泳いでるのが毎日見えるわけです。いつでも魚は獲れます。その中でナマズはちょっと異色でありまして、獲りにくい。非常に素早くてつかみにくいわけです。大雨が降って田んぼへコイやフナが上がってきます。ナマズも当然上がってきますが、田んぼへ上がるのは数が少ないです。やはり溝か水路に上がってくるわけです。

黄色いナマズ[*2]は印象的でしたね。四～五月になるとヨシがちょっと生えてきます。琵琶湖岸へ舟を持っていきまして、夜暗くなるとガスランプで明かりをともしまして、ヤスを持って。フナやコイは横になって寝ませんので、普通の形でじっとしているんです。上から見るとヨシの葉っぱの沈んだものに似ていて素人にはわからないわけですが、わかる人はさっと突くわけですね。ところが、黄色いナマズがおるんですよ。きれいですよ。それはヤスでも突けないんです。速いですよ、触覚があるからぱっと逃げるわけです。琵琶湖とナマズ、田んぼとナマズにはそういう思い出がわれわれの頭にあります。

今の木浜の田んぼは圃場整備がされています。農機具が発達してくる、農業が省力化になってくるわけです。田舟では大きな農機具

＊2　いわゆるアルビノ。遺伝的に色素の生じない個体。

を運べません。これでは嫁の来てがない、また、若い人が農業をしないということで一九六六、六七（昭和四一、二）年ごろから圃場整備がされました。しかし、水と田舟と魚とヨシという自然環境で育ちましたんで、このように自然が破壊されて水質が悪くなった状態で、なんとか昔の話を伝えてそれを参考にして、まぁ、もとには戻りませんけども何らかの方法を考えなくてはならないということで一生懸命取り組んでいるところでございます。

二、圃場整備とは何だったのか？

牧野　大槻さんは人間の側、つまり農民と漁民という人と人との関係から見て、ナマズとはどんな魚だったのか、環境の変化についてどんな風に評価するかについて指摘されましたが、ここまでのお話でどうですか。

大槻　はじめに、少し確認させてください。さきほどの泉さんの話では、圃場整備実施は、畑もできるように、また、兼業化への対応だったということです。しかし、農水省がやった仕事だから整備

大槻恵美氏

は基本的に農業振興のためで、それが結果として兼業化への対応になってしまったということじゃないのでしょうか？

今までのお話で、一つは、ナマズは減ったことは減ったんです。だけど、漁業の問題として、ナマズだけじゃなくて、とにかく生活のための魚も全部減っているということが大きな問題だと思うんですね。

もう一つは、私は昔の話をしてそれに大きな比重がいったんですけれども、圃場整備にしろ何にしろ農業と開発の問題っていうのは、一面で農業をする人たちが生きていくために（私自身は一〇〇％そうだとは思わないんですが）、要請されたことだったと思うんです。

私は圃場整備の真っ只中で知内を調査しましたが、農家が生きていくうえで整備の必要性がどこかにあったということなんですよね。北村孝さんもおっしゃったように水路がいっぱいあるところでは機械化に対応できない。だから農業する側の生活の必然がどっかにあったことは確かだと思うんです。私は調査に行って、あんなに水路を使ってて誰でも魚を捕っていたというのは本当に驚きだったんです。けれども、それは生活が、生業経済が、みんながそれでやっていけた。たとえば、知内で聞いたことですが、魚を捕るときには誰の田んぼでも良かったというんです。水があるときですから苗があるんですよ。だから苗をいためないようにした。苗が小さいときは水路で捕った。けど、コイが軍艦のように来るっていう。背びれがばぁっと波をたてて。それを手づかみする。夢中になると田んぼに入ってしまう。株を倒してしまって、田んぼの所有者と喧嘩《けんか》したって話もあるんですが、そういうのんびりしたことでもやってゆけたというところがある。

北村孝さんは、一方で、自分が育った環境の中で、自然の中で育ったから環境を戻したいと思ってらっしゃる。でも一方で、嫁さんが来ないという話もある。そのあたりをそれぞれがどう調整していくのかという問題を、私としては出したいということです。

地域住民が望む環境とは？

牧野　確かに聞き取りをしてると、田舟で農作業に行くのは大変だったというお話を伺うんですね。よそから木浜にお嫁に来られた方は大変なわけです。そうであっても今なさっていることがありますね。一九七二(昭和四七)年に圃場整備が終わって、木浜は大きく変わりましたが、たとえばオカズトリとよばれる魚捕り再現などの活動をされていますね。そのきっかけについてお話いただけますか。

北村(孝)　木浜の前に、埋め立てでできた四つの人工島がありますね。先ほど申しました自然豊かな農地が、車で、自家用車で行ける近代的な美田に変貌しました。田んぼの中のホリやギロがなくなりましたね。当時は先ほど言いました理由で整備されたんですが、ちょうど人工島と農地の間に、内湖らしきものが出現したんですわ。湖周道路(＝湖岸堤)ができるまでは内湖といわなかったです。湾でしたから。道路が開通してから内湖に変わったんです。島の間にぱしっと「ひもん」(水門のこと)を降ろして、完全に遮断された人工の内湖になったわけです。ところが人工の内湖では自然じゃないんですよね。内陸部のヨシ場もまだ、田んぼの方には昔の姿が残っております。ただし島の方は、矢板の鉄板とコンクリの護岸ですから、自然と人工島の相反した状況になっているわけです。

漁業組合長が先ほど言われた、魚が減ったのは諸々の原因があるんですけど、産卵しても稚魚がある程度に育つ場所がないそうです。育つまでに、ブラックバス・ブルーギルに食われてしまう。内湖になった以上はやはり昔の内湖と今の人工島の間の内湖を比較したいわけです。昔の姿を取り戻すいうことはすぐにはできません。しかし、昔の内湖に少しでも近づけたいという思いはわれわれ年代以上の者は、すごく持っているわけです。それで今、漁業組合長と地域の者と自治会が協力して「何とか内湖のヘドロをさらえて、きれいにしてください」と市と県へお願いした。酷いもんなんですわ。水質調査をされたら、もう琵琶湖で一番悪いです。

そういう内湖が出現した以上は、内湖らしき内湖にしなければ地域住民としては昔の琵琶湖には戻りませんし戻るはずもないんですね。ですから、昔の資料として集落の写真はありましたけれども、田んぼへ昔カメラ持っていくことはなかったから撮ってないんですわ。しかし思いはわかった。そこでどうして表現したらいいんか考

写真3　オカズトリ再現（2001年、北村孝 撮影）

えまして、「内湖を考える会」をこしらえて、そのメンバーで再現をし、資料館とかそういう後世に残す資料にしようと。それと同時に、漁具と農具の古いのを収集しております。漁業組合長も漁具なんかを提供されてますけど、農家にもまだ少し残ってます。ですから古い写真と農具・漁具、そして昔話、それをメンバーで収集して、若い人、現在の人に理解をしてもらったうえで、どのように、水・環境・内湖・琵琶湖にかかわっていくかというのが原点なんです。それでこういう再現をしてみました（写真3）。これ、昔は農家の奥さんはこういう衣装で田んぼに行かれたんですが、もう少ししたらこの衣装もなくなるから早く撮ろうと思って撮ったんです。

地域が望む環境と農村政策の方向

牧野　先ほど泉さんは、農政がだいぶん変わってきたと、昔の米作りじゃなくて今は田んぼの生き物が大切だというふうに変わってきているということだったんです。しかし、今の木浜全体の動きとしては、こう住民が昔の暮らしについて話し合おうとか再現してみようとか、そういう話になっているわけです。泉さん、こういう住民の動きについてはどうお考えですか。農家の支持が必要ということでしたけれども。

泉　先ほどの大槻さんの話で、兼業化のための圃場整備というのは間違いで、農政として国の補助としては農業振興・経営規模拡大のために行っております。先に言った思いで農家は整備をやったと思うんですが、ちょっと発言を訂正しておきます。

そしてもうひとつ、先ほどの田んぼに魚が上がるようにということで「魚のゆりかご水田プロジェクト」という名前をつけてるんですけれども、議会等では「ナマズが上がる田んぼ」という説明はしてません。「ニゴロブナが上がって、そこで産卵してますよ」という説明です。ホタルが棲むとかメダカが棲むようになりますとかそういうことでは地元も「あぁそうですか、そりゃしゃあないか」と賛同を得られるわけですが、ナマズをだしてナマズが上がりますよということではなかなか説明しにくい。

前畑　あの、泉さん、ナマズのことをここで気にされなくて結構ですよ。フナとかコイが入る田んぼには、ナマズは簡単に入りますから。

泉　ナマズも入れるというくらいで今説明をしております。それで、今、昔の状態にどうやとという話がありますけども、北村孝さんも今度は全部クリークにして船で行くかというと、そんなことは誰も思っておられないということで、今の便利で車で行けるような田んぼがあって、ちょっと一部にはそういう懐かしいとこがあってもいいんじゃないかっていうことだと思うんです。

圃場整備して木浜地区も、もう四〇年近く経っています。コンクリートは壊れますから、再整備というか、何らかの整備をしなあかん。そういうときにはちょっと考えましょうかと。それまでやんわりというか、だんだん意識を変えてもらって少しは昔に戻してはどうかと。ほんの一部をしたらどうかと。そんな方向を目指していこうと。正直いいまして、年いった方、私より上の方は魚つかみの経験がありますし、よかった昔のイメージはありますが、今の小学生の親にはそんな意識はない。自分で魚をつかんだこともないし、「川へ行くな」「川は危ない」と言われるとか、そういう経験しかない。その人らに言ってもちょっと難しいですから、何とか年寄りの方から子供に伝えてもらいたいということです。

三、政策をどのように変えていくのか？—フロアからの応答

牧野　魚の話になったり、人の話になったりなかなか整理するのが難しいところもあるんですけれども、いま、子供の遊びの話になりました。子供の遊びといいますと、早くから関心をもっておられたのが当館研究顧問の嘉田由紀子さんです。嘉田さん、子供の遊びの調査をはじめたきっかけについてお話いただけませんか。

ヨーロッパを向いていたこれまでの水行政

嘉田　ちょっと話がずれるかもしれないのですが、今日のこの議論をたとえばスイスのレマン湖地域の人たちにフランス語で話して

通じるだろうか、あるいはアメリカの人たちに伝えられるだろうか、と自問しています。明治時代以降の日本の水にかかわる行政、特に水の土木行政の基本的な視点はヨーロッパからの輸入でした。治水はオランダ、利水はイギリス、というように。そのヨーロッパ的水思想の基本は、水と陸を分けて管理する、あるいは入る水と出る水を分けて管理する、という合理性に基づいた二元的思考です。

たとえば、琵琶湖総合開発では農業排水のシステムが「用排水分離」という方向に大きく変わりました。昭和四〇年代、当時の滋賀県の行政マンもその問題に気がついていました。たとえば当時の水政課の若い担当者のTさんは「用排水分離をしたら排水がふえて琵琶湖はむちゃくちゃになる」と思ったそうです。けれど、農林省から示されたマニュアル通りの工事をするしかなかった、といいます。特に補助金をもらうためには、マニュアルに従う必要があったと。河川工学の中心にいた人たちは水と陸を分け短期的にいかに効率よく生産性をあげて水を管理するか、という思想が基本でした。ですから、水位があがって水田が水につくというような、今でいうエコトーンのような環境は、できるだけ排除するべき環境だったのです。

ところが、琵琶湖岸をまわり、地元の皆さんのお話をきいていると、水田が水につくのは確かに困るけど、でも魚がつかめておもしろかった、というような話がでる。梅雨《つゆ》時分には「ウオジマ」といい、老いも若きも村中で水田にでて魚を追いかけたということをお年寄りの方が目をかがやかせて楽しそうに語ってくださる。そしてつかんだ魚はごちそうでおいしかったと。大きな魚をつかんだら、子供仲間の間で鼻が高かったと。それで「遊びの三世代比較調査」を発案しました。遊びや食というテーマは、琵琶湖や河川などの環境問題に人びとが関心をもっていただくための入り口になるだろうと考えたわけです。たとえ環境問題とかかわらなくても、遊びや食は人が生きるためでの原点でもあります。

牧野　田んぼをどういう風に変えていくかというときは、補助金や農水省の政策があったという話がありましたけど、わりとシンプルにある目的が見えていた気がします。でも今は、地域の田んぼで起こっていることをみると、ひとつひとつがお互いに矛盾していたりして、なかなか着地点がみえないところがあります。そこをうまく嘉田さんが言い当ててくれたようです。

ご質問なりご意見を出していただけたらと思うんですが。秋道さんは、タイをはじめメコン流域のいろんな田んぼをご覧になっておられます。そこでアジアで起こっていることと日本で起こっていることを比べてお話をいただきたいのですが。

「ちょっとだけ」変えればよいのか？——アジアの田んぼとの対比から

秋道　一つ、埋め立てのことで言いますと、ベトナム北部の紅河デルタでは、十三世紀から堤防を造ってるんですよ。全長が何十キロもある堤防には排水溝があり、内側に水田やら魚の養殖池があり、外側は海というか汽水域でマングローブの移行帯となっている。魚は堤防の中には入らない。琵琶湖とその周囲の水田との間は淡水だからつながっていてもよい。ただしベトナムやインドネシアにおけるエビや魚の養殖池の場合、堤防が空いていて水が潮汐に応じて出入りする粗放的なやりかたが伝統的にあった。

それからもう一つ、木浜のお二人の北村さんは、農家と漁家とおっしゃいましたけども、「私は農業だから稲だけ植えます」というんじゃなくていろんな仕事をしているのに、いざなんか決めるときは農業でというふうに自分自身の意識を狭めるようなことはなかったのでしょうか。東南アジアの場合、あんまりそういうことがない。農業も魚獲りもする。モンスーン気候の影響で季節性の大きい面があるのは事実でしょうね。

それから、政策の浸透についていうとタイでもベトナムでも上から下まで縦割りなのは日本と同じです。しかし、下のほうの地元のお役人はちょっと違う。上のいうことをきかずに村の偉い人がお役人になったりします。しかし、日本では中央官庁の指令を県も町も村も全部従ってしまった。そうではないルーズさが環境にはまだ良かったのです。ところが日本は生真面目に近代化を突っ走った。はっきり言って日本の近代システムの悪さですよね。

農政を担当する泉さんは、先ほど「少しだけくらいならいいでしょう」とおっしゃいました。私はちょっとそれに反対なんですよ。

やっぱり元通りにするくらいの意識をもたないと。ちょっとだけという修正主義的なやり方じゃ問題がないのでしょうか。タイやベトナムの政治・経済システムはある意味でルーズな面がありますけど、日本の場合は上から下までストンといってしまう。だから、ちょっとだけ手直ししましょうというのは辛いというか、ちょっとだけと思ってやると本当にそのままマイナーなことしかできない。根本的に直すという姿勢をもてばいいのではないでしょうか。

アジアの中の日本ということでいうと、琵琶湖は移行帯の利用について長い歴史経験をもっているわけです。この場で話にでているように、それを肉声で伝えることができるんですから、その稀有《けう》な経験を活かすのが琵琶湖の世界的な意義になるのではないか。

「普段着の魚」と「よそいきの魚」への危機感の違いは？

質問①　琵琶湖博物館の学芸員の亀田といいます。ちょっとお聞きしたいのは、先ほど大槻さんが、ナマズの方は普段着の魚で、アユがよそ行きの魚というふうにおっしゃっていたんですね。すると、よそ行き部分と普段着の生活に密着した部分との変化に対する危機感には違いがあるのかと今いろんなお話を伺って思ったんですけれども。いかがですか。

北村（勇）　ナマズに関しては、ほとんど価値がないという感じです。実際は食べてもおいしいんですけど売れないのが現実なんです。アユとか、モロコとかニゴロブナ、こういった魚は漁業者もそれをお金に換えて生活していかんならんから、そういう魚には漁業者も非常に注目するということです。大槻さんの話は知内であったから守山と違うところがあるんですけど、やはり、その三大魚種、あるいは在来種の中でもそういったお金になる魚をやはり増殖し増やしていかないと。ナマズがテーマとなっているなかで、ナマズだけではないと。そこに一緒にニゴロやとかも付随して田んぼに上がってくると。そうして同じ環境の中で育っていくと。そんなことでいいですか。

水利用効率化のマイナス面は考慮されているのか？

質問②　瀬田川リバプレ隊の富岡といいます。泉さんにお尋ねしたいんですが、今の水の問題について、確かに水は非常に効率よく田んぼや畑に配られるようになったのは、自分で全国歩いてみてびっくりしました。ただ問題はその水を使った後どうしているかということだと思うんです。新しい技術や品質の評価といいますと、今は二つの評価をしまして、ひとつはどれだけ効率がよいかということ。また、もうひとつは、そのものが他に及ぼすマイナスの効果です。これが抜けているんじゃないか。水は使った後、肥料とか農薬をまいて、あと効率よく琵琶湖へ流す。効率だけを考えて水からどういうふうに汚れを取るかとか、そういう事を考えてないような気がします。これはおかしいんじゃないかな、という気が最近しているわけです。

泉　水田からの排水ですけども、理論上と実際に農家がその通りやっておられるかはギャップが生じます。基本的には雨が降りますとあふれます。そのあふれた分が農業排水です。最近は、落ちた水は堰き止めて次の用水にのせて反復利用する、また、琵琶湖の周りではこの排水をポンプ場に引き込んで再度利用するなど循環を考えて整備は進めてきております。木浜では循環を考えているという話がありましたけれども、田んぼへ濁った水でも再度流し足りない分を琵琶湖から上げる形になっています。

ただ、あふれる前に水を落とされる農家があります。苗を植えにくいから落とす。これに対して、落とさないで自然浸透を待ってその時期を見計らって植えてください、と啓発していますけれども「待ちきれん。今度の日曜日に田植えをせなならん」と。それで人為的に排水が出ていくわけです。それ以外、故意に落とすことは理論上はないわけです。もっとも、故意に流せば肥料分も耕土も流れ農家にもデメリットですので、そこさえ徹底されれば肥料分は流れません。手間の問題や邪魔くさいとかいうのは農家の意識の問題です。先ほどの水すまし構想でも、農家の意識を変えてもらって、ちょっとした事をみんながやってもらうと大きい施設を造るよりも効果は大きいですから、そういうのをもう少し浸透させていこうということです。

四、田んぼのゆくえを考える

牧野　そろそろ最後の問題にいきたいと思います。いろいろ論点が出てきました。例えば部分的にちょっとだけ変えるというのではなく、もう全部変えたほうがいいんじゃないかという指摘も出てきました。ただ、いまのところ田んぼの今後は予測することがなかなか難しい。そこで、身近な田んぼでもかまいませんし、もっと大まかに全体の事柄でもよいのですが、北村孝さん、北村勇さんから田んぼの今後について、お一言ずつお話をしていただけないでしょうか。

いろんな人がよって田んぼを考える

北村(勇)　田んぼというものについては僕自身あまり関わってないもので、詳しいことはわからないですけども、ナマズの話と同じで、昔は田んぼの中でいろんな魚が育って、そしてまた琵琶湖へ帰っていったけれども、今の田んぼではそれができない状態にあるという。それは田んぼだけに限らず、行政サイドの中で、自分たちの考えの中で、今までずいぶんとその図面の中で琵琶湖をなぶり田んぼをなぶってこられた。

そういったことを、そこの地域とかいろんな人がよった中でそこの地域地域の良さを出して考えた挙句の田んぼ作りというか、そしてまた琵琶湖の周辺の湖岸作りをやっていければ琵琶湖の今後についていいんやないかなというふうに、僕は思っております。

地域の住民全体で考える

北村(孝)　私の若い頃は、農家と漁業者とは船だまりが一緒で朝出会うわけです。漁業者の方は獲った魚を市場へ出したあと帰ってきます。農家はこれから田んぼへ行くわけです。農家の方が「今日は魚どうでした？　たくさんおりましたか？」ときくと、「いや、昨日の方がぎょうさんおりました。逆に漁家の方が「今年は米、どうでした？」と聞くと「いや、去年の方が良かった」ということです。

農家の去年、漁業者の昨日。農家は来年ですわ。漁業者は毎日漁にいかれますから。喧嘩するとか仲が悪いとかいうのやなしに、そういう地域でしたから。農業はそれで生活でき、漁業者はそこそこ魚とれたという時代があったわけです。

ところが、高度成長時代に埋立地ができ、工場用地ができて、農地は先ほど言いました諸々の理由もありますけども機械化が進んできて、漁業は漁業で、漁船から漁具から新しいものが出てくるという時期を過ごしてきたわけです。

ただ、その当時、大きい工事をするとき、今のように環境アセスメントとか地元の意見を聞くというのがなかったわけです。少しはされたと思いますが。今の時代でしたらもっとすばらしいものができたと思うんですけども、上で決められたらその工事はされたと。当時を振り返れば、各々の目的にかなう事をやっていただいたから、文句も要望も何も言えなかった。それが何十年かかって現在悪影響が出ておるわけなんです。

しかし、農家は農家の立場、漁業者は漁業者の立場で反省して原点に戻るというわけにはいかない。元に戻してほしいですけど、それをやったら農業はできませんのでそれは無理だと。ですから今は木浜地区で、一四〇〇ヘクタールの幹線排水路については二メートルを八メートルに広げ、水生植物を植えて自然の石で蛇行させる工事をやってもらってます。それを反復利用して、できるだけ内湖や琵琶湖に直接濁水を流さない、そういういわゆる負荷の軽減に取り組んでおるところです。

内湖でもこれは出発点なんです。いよいよ再生の工事が始まります。農業者や地域の者が一体となって共同して要望や意見などを言わしてもらって、行政と協力して、そしていい状態に再生していただくという思いは、やはり農家も持っています。魚が減ってきたというのは、漁業者はもちろん、農家にとっても地域全体にとっても非常に残念なんですね。

田んぼと琵琶湖を再びつなげることを考える

牧野　ありがとうございました。藤岡さん、先ほど魚が上がるという話が農政の方からも出てましたけども、水産業にとって田んぼとは？

藤岡　同じ県庁の中にいて、水産から農業に口出しはなかなかできないという雰囲気がまだあるんです。けれども、休耕田をニゴロブナとかホンモロコの増殖に利用させてほしいという話がここやっと二年ぐらいの間にできるようになりました。そういう雰囲気が全体としても、県庁の中にもできてきたのかなという気はしております。

ちょっと戻りますけれども、琵琶湖の漁業者では、例えば堅田《かたた》（大津市）とか沖島とかには専門の漁業者さんが多いんです。その他の南湖周辺、特に湖東・湖北では、ほとんどが兼業の漁業者だったんですね。今もそうですが、兼業とはほとんど農業と漁業であったわけで、漁業を兼業でやっておられる方が、圃場整備なんかが進む中で農業とサラリーマンというかたちで漁業から離れていかれた。いわゆるクリーク地帯では、オカズトリとしてナマズを獲ったりワタカを獲ったりいろんな漁業をやっておられて、漁業者になるためには年間九〇日以上漁業に従事してたらいい、魚を獲っていなくても家で針を結んでたりしたらいいわけで、そうすれば漁業者になれたわけです。木浜のほとんどの農家の人も、そういう意味で漁業者でもあったと思うんです。それが、圃場整備なんかが進む中で完全に漁家と農家とに分断されて、クリーク地帯での漁業がなくなっていく契機になったんだと思うんですね。その一番大きな契機は琵琶湖総合開発とそれに伴う圃場整備が一体のものとして行なわれたことであっただろうと。

先ほどの話に戻りますが、現在休耕田がたくさんできて、そういうのを利用してもいいよという話が出てきている。しかし、そうなったときに、やはり、琵琶湖の沖合いと湖岸との中に立ちはだかっている湖岸堤とか水門とかそういうものをどうするかという事を抜きにして田んぼの利用を考えるのは難しい。今後はみんなで、それらをどうしていくかを考えながらしていかないと、なかなか今日の課題である田んぼとナマズをどうするかという主題も解決していかない。それを解決する中で、琵琶湖漁業の今後、今、どん底の状態にありますけれど、それをどう回復させていくかという展望が見えてくるんじゃないかと考えております。

今までは、ニゴロブナとかアユとか商品価値の高いものを中心とした政策をやってきましたけれども、稚魚放流をやっても漁獲量がなかなか増えないことは今までの経験から十分わかっております。商品価値の低いナマズにしろワタカにしろ、それらも増やしていく研究もやりながら、政策に取り組んでいく方向にわれわれ自身も考え方を変えてきております。

牧野　ありがとうございます。

北村（勇）　いま藤岡さんのほうからでた休耕田の利用で、二、三、藤岡さんのほうへお願いしたいと思うんですけど、水産課では現在の一二〇〇トンの漁獲を一〇年後には三九〇〇トンまで回復していくという話です。しかし、漁業者は一〇年先まで持ちこたえられない非常に厳しい状態にいる。今、休耕田の話をされたですけど、一日も早くそれを活用して前向きにやっていただきたいとこの場でお願いしたいんですけど、どうですか？

農業政策にとって漁業者とは？

牧野　泉さん、最後にお聞きしようと思ったのはこの話だったんです。農政にとって、漁業者との関係を一体どう考えればよいかということを、お伺いしたかったんですが。

泉　現場の担当者がいつも悩むことは、農家の人の土地に農家の人の費用負担を出してもらい事業を行なっていることです。公共事業とは言いますけども、県なり国の土地の中をやっているのと違うわけで、農家の人の土地の中を委託されてやっているようなものです。たえず管理や費用負担してもらう農家の方の意向も反映せなあかんわけです。そういうことですので、そういう意識を高めながら来年からすぐやれというのもなかなか難しい面があります。

牧野　ありがとうございます。それでですね、ちょっと時間が押しておるんですけれども、あと御二人、問題提起された方にも田んぼのゆくえについてお話いただきたいんですけども、どうですか、前畑さん。

人間がつくった田んぼを生物学者が研究することも必要

前畑　自分にできることをわきまえていうなら、琵琶湖の魚の再生というのは、ゆりかごである田んぼにかかっていると思うんです。現在では天然の産卵場所より田んぼははるかにたくさんあるわけですから。田んぼにフナやコイの親魚が上がれるようにしてやったり、親魚を放すなどし、普段どおり稲作をすれば、必ずや琵琶湖の特に漁業対象となる魚種は爆発的に増えるでしょう。田んぼで稚魚が十分なサイズに育って琵琶湖へ下れるようにすれば恐らく。でも、問題は解決しません。なぜかといいますと、そうした可能性のあるのはフナやコイなどの経済的な有用魚種に限られてしまうからです。逆に言ったらそんな魚ばかり増えればいいのかという問題がありま す。水産課の藤岡さんがちょっと言うように窮していたようですけど、経済的に価値が低い魚や生物はほかにもいっぱいいるわけです。世の中には、名もなき生き物なんてたくさんいるわけで、その価値をどういうふうに認識し、みなさんがそれが何で大事なんかという事を十分議論しないと事は何も始まらないように思います。個人個人の議論があって初めてコペルニクス的な転換といいますか、秋道さんがおっしゃったように、これが大事やと思ったらその方向にまとまっていたらいいんじゃないかと思うんです。

ところで、田んぼのまわりにいる生き物の研究というのは非常に遅れている。なぜかといいますと、人手の加わった田んぼはいろんな要素が加わっていて生物学者が論文にしにくいからです。でも、私はナマズをやっているうちに、田んぼがもつ機能についていろいろ面白いことがわかってきました。今後は田んぼのまわりにいる魚だけではなくて、田んぼに侵入してくる魚のことをもっと調べようとする方が多く出てくることを期待します。もちろん、私も自分の研究を続けていきますが。

人間と人間とのやりとりがもっと必要

牧野　時間も押してきていいますので、それでは今日のとりですけれども、大槻さん。いかがでしょうか。

大槻　全体を通じて、もっと人の方がおたがいやりとりできないかなあと思いました。たとえば先ほどの水路の問題で、政策担当者の泉さんは圃場の水路について、使う側の問題を指摘されていましたけれども、それは結局、造った側と使う側とがずれているからでしょう。使う農家の人からいえば、生活に合わんように造っといて使い方が悪いとはどういうことかという話がおそらく出ると思うんですね。ですから、お互い相談して造っとけばいいではないかと私なんかは思うんですけども。どうやったら使いやすいかや、そのためにかかる費用のことなども話し合う必要があるのでしょう。

水産課と農政との対話っていうのもそうですし、今日はお話が出ませんでしたが、北村勇さんが、一般市民の方と一緒に魚を食べながら琵琶湖をきれいにすることを考えている、そういう交流があることもおっしゃっていた。そうするとそこにまた違う対話が生まれるわけだから、関連性を大事にする私としては人と人がそういうふうにお互いの立場でもっと話し合いをしてその結果を実現の方に持っていってほしいということです。

牧野　ありがとうございました。どうもこのナマズの企画展、第三部の総合討論では、クリアーな結論ということに到底いかないということは最初からわかっていたわけなんです。ですから、まとめはいたしませんけれども、ここで出された人と人との関係、魚からみた水域と陸域との関係、さらに人間と魚類との関係が地域の生活としてはひとつながりのものであるという視点は、琵琶湖のまわりの田んぼのゆくえを考える出発点となりえると思います。では、これで総合討論を終わらせていただきたいと思います。皆さんありがとうございました。

引用参考文献

第一部　鯰からみた文化の多様性

アウエハント　C、小松和彦ほか訳（一九八九）鯰絵―民俗的想像力の世界、せりか書房。

赤木攻・秋道智彌・秋篠宮文仁・高井康弘（一九九七）北部タイ・チエンコーンにおけるプラーブック *Pangasianodon gigas*の民族魚類学的考察、国立民族学博物館研究報告 二二（二）：二九三〜三四四。

秋道智彌（一九九一）レークマレーのにがい水、季刊民族学 五三：九二〜一〇五。

今谷明（一九九〇）室町の王権（中公新書）中央公論社。

北原糸子（二〇〇一）本草学のナマズから鯰絵の鯰へ、宮本真二編著「鯰《なまず》―魚がむすぶ琵琶湖と田んぼ―」（琵琶湖博物館五周年記念企画展・第九回企画展展示解説書）、三五〜五四。

小早川みどり（二〇〇一）ナマズの世界、宮本真二編著「鯰《なまず》―魚がむすぶ琵琶湖と田んぼ―」（琵琶湖博物館五周年記念企画展・第九回企画展展示解説書）、八九〜九七。

KOBAYAKAWA, M. (1989) Systematic revision of the catfish genus *Silurus*, with description of a new species from Thailand and Burma. Japan. J. Ichthyol. 36 : 155-186.

KOBAYAKAWA, M. and S. OKUYAMA (1994) Fossil of *Silurus biwaensis* (Siluridae) from the Ueno formation, ancient Lake Biwa, Japan. Japan. J. Ichthyol. 40 : 500-503.

TOMODA, Y. (1961) Two new species of the genus *Parasilurus* found in Lake Biwa, Mem. Coll. Sci. Univ. Kyoto 28 : 347-354.

新村出編（一九九一）広辞苑（第四版）、岩波書店。

半田隆夫（一九九六）神々と鯰、横田進太編集発行〈非売品〉。

半田隆夫（一九九九）神佛と鯰、横田進太編集発行〈非売品〉。

BURGESS, W. E. (1989) An atlas of freshwater and marine catfishes. A preliminary survey of the

Siluriformes. T.F.H. Publications Inc.

琵琶湖自然史研究会（一九九四）琵琶湖の自然史、八坂書房。

益田一・尼岡邦夫・荒賀忠一・上野輝弥・吉野哲夫編（一九八四）日本産魚類大図鑑、東海大学出版会。

宮本真二・渡邊奈保子・牧野厚史・前畑政善（二〇〇一）日本列島の動物遺存体記録にみる縄文時代以降のナマズの分布変遷、動物考古学一六：六一～七三。

宮本真二・渡邊奈保子（二〇〇一）動物遺存体資料にみる縄文時代以降のナマズの分布の変化―東日本にナマズはいなかったか？―、宮本真二編著「鯰《なまず》―魚がむすぶ琵琶湖と田んぼ―」（琵琶湖博物館五周年記念企画展・第九回企画展展示解説書）、二七～三四。

柳田國男（一九六三）魚の移住、「定本　柳田國男集第3巻」、筑摩書房。

吉野裕子（一九八三）陰陽五行と日本の民俗、一一〇～一一三、人文書院。

吉野裕子（一九九九）易・五行と源氏の世界、一二三～一三九、人文書院。

第二部　田んぼとナマズ、そして人

大槻恵美（一九八四）水界と漁撈―農民と漁民の環境利用の変遷、鳥越皓之・嘉田由紀子編著「水と人の環境史」、四七～八六、御茶の水書房。

片野修・斎藤憲治・小泉顕雄（一九八八）ナマズのばらまき型産卵行動、魚類学雑誌三五：二〇三～二一一。

滋賀県教育委員会・（財）滋賀県文化財保護協会（一九七九）大正期の漁法―漁業調査報告　大正五年十一月～六年五月、琵琶湖総合開発地域民俗文化財特別調査報告書 資料編。

前野隆資（一九九六）前野隆資写真集　琵琶湖・水物語、平凡社。

MAEHATA, M. (2001a) Physical factor inducing spawning of the Biwa catfish, *Silurus biwaensis*. Ichthyol. Res. 48 : 137-141.

MAEHATA, M. (2001b) Mating behavior of the rock catfish, *Silurus lithophilus*. Ichthyol. Res. 48 : 283-287.

前畑政善（二〇〇二）魚類、滋賀自然環境研究会編「滋賀の田園の生き物」、一一六～一二九、滋賀県農政水産部。

MAEHATA, M. (2002) Stereotyped sequence of mating behavior of the Far Eastern catfish, *Silurus asotus*, from Lake Biwa. Ichthyol. Res. 49 : 202-205.

八木康幸（一九八〇）木浜―生活の舞台と背景、滋賀県教育委員会編「内湖と河川の漁法　琵琶湖総合開発地域民俗文化財特別調査報告書３」、一九七～二〇六。

安室　知（二〇〇一）水田漁撈と村落社会の統合、宮本真二編著「鯰《なまず》―魚がむすぶ琵琶湖と田んぼ―」（琵琶湖博物館五周年記念企画展・第九回企画展展示解説書）、一三九～一四四。

安室　知（二〇〇一）「水田漁撈」の提唱、国立歴史民俗博物館研究報告（八七）：一〇七～一三九。

本著作成にあたって協力いただいた個人・団体・機関（敬称略、五十音順）

伊庭　功
嘉田由紀子
亀田佳代子
河角龍典
桑山俊道
河本　新
鈴木康二
冨岡親憲
富沢達三
内藤又一郎
中島経夫
半田隆夫
藤本　純
前野喜久代
Mark J. Grygier
松山英照
水上二巳夫
横谷賢一郎
渡邊奈保子

大津市歴史博物館
京都大学理学研究科動物学教室
甲南女子大学図書館
国土交通省国土地理院
国立国会図書館
木浜自治会（滋賀県守山市）
埼玉県立博物館
社団法人農山漁村文化協会
退蔵院
東京大学地震研究所
独立行政法人国立公文書館
長野県立歴史館
守山漁業協同組合（滋賀県守山市）
栗東市大橋区自治会（滋賀県栗東市）
立命館大学文学部地理学教室

矢野　晋吾（やの　しんご）
専門は村落社会学・環境社会学。日本、東アジアの 農山漁村を歩きながら人と自然の関係を労働の側面から考えている。経済雑誌記者、フリーランスを経て琵琶湖博物館学芸技師。人間科学博士。主な著書に『新編 白川村史』(共著、岐阜県大野郡白川村) など。

大槻　恵美（おおつき　えみ）
専門は社会地理学。琵琶湖をはじめとした地域で、地域社会の都市化、自然と生活とのかかわりなどについて調査研究。現在、関西大学非常勤講師。主な著書に『環境問題の社会理論』(分担執筆、御茶の水書房)、『地理学の諸相』(分担執筆、大明堂) など。

泉　峰一（いずみ　みねかず）
専門は農業水利工学。滋賀県職員として圃場整備等の農業農村整備に従事。1995～1996年には農村地域の環境保全構想「みずすまし構想」の策定にかかわる。現在、滋賀県湖北地域振興局環境農政部田園整備課長として、湖北地域の農村環境整備を担当。

北村　勇（きたむら　いさむ）
漁業を営みながら、琵琶湖漁業の移り変わりを体験してきた。現在の関心は、ニゴロブナやホンモロコなどの急激な減少であり、漁業の将来について、漁業者の立場から積極的に発言している。1997年より守山漁業協同組合長（滋賀県守山市)。

北村　孝（きたむら　たかし）
農業を営みながら、変わりゆく木浜地区の姿を見てきた。現在の関心は、農業排水を中心とした地域環境などで、内湖の再生など水環境を活かした地域づくりに積極的に取り組んでいる。1997年より木浜自治会長（滋賀県守山市)。

藤岡　康弘（ふじおか　やすひろ）
専門は淡水魚類の生態・生理学。琵琶湖の固有種、特にビワマスやホンモロコ、ニゴロブナ、ウツセミカジカなどを中心に研究を行ってきた。現在、滋賀県水産課課長補佐。農学博士。ビワマスやホンモロコに関する論文多数。

北原糸子（きたはら　いとこ）
専門は災害社会史。近世の災害と人々との関わりに興味を持っている。東洋大学社会学部非常勤講師。文学博士。主な著書に『都市と貧困の社会史』（吉川弘文館）、『磐梯山噴火―災異から災害の科学へ』（吉川弘文館）、『地震の社会史』（講談社）など。

吉野　裕子（よしの　ひろこ）
専門は民俗学。1987年より五行の会を主催。現在、日本山岳修験学会、日本生活文化史学会、各理事。文学博士。主な著書に『扇－性と古代信仰』（人文書院）『陰陽五行と日本の民俗』（人文書院）、『蛇―日本の蛇信仰』（講談社）など。

前畑　政善（まえはた　まさよし）
専門は魚類繁殖学・生態学。希少淡水魚の繁殖や日本産ナマズ類の繁殖生態などを研究。現在、琵琶湖博物館専門学芸員。理学博士。主な著書に『湖国びわ湖の魚たち』（共著、第一法規）、『日本の淡水魚』（分担執筆、山と渓谷社）など。

安室　知（やすむろ　さとる）
専門は民俗学。これまで日本および中国において、稲作を中心とした生業複合のあり方を調査してきた。熊本大学を経て、現在、国立歴史民俗博物館助教授。主な著書に『水田をめぐる民俗学的研究』（慶友社）、『餅と日本人』（雄山閣）など。

牧野　厚史（まきの　あつし）
専門は地域社会学・環境社会学。琵琶湖の集水域をはじめ日本の各地を歩きながら、小さなコミュニティを主体とした地域計画の可能性について考えている。現在、琵琶湖博物館主任学芸員。主な著書に『琵琶湖を語る50章』（分担執筆、サンライズ出版）など。

大塚　泰介（おおつか　たいすけ）
専門は珪藻の生態学。河川を中心に湖沼・干潟などの珪藻、水生植物、水棲昆虫などを調べ、また他人のとったデータの統計解析などもしてきた。現在、琵琶湖博物館学芸技師。農学博士。主な著書に『有明海の生き物たち』（分担執筆、海游社）など。

■執筆者略歴（掲載順）

秋篠宮　文仁（あきしののみや　ふみひと）

専門は民族生物学。鶏や魚をはじめとする生き物と人との多様な関係に関心を抱いており、その中から何らかの秩序を見いだせないかと考えている。現在、㈳日本動物園水族館協会総裁、㈶山階鳥類研究所総裁。理学博士。主な著書に『鶏と人』（編著、小学館）など。

秋道　智彌（あきみち　ともや）

専門は生態人類学。アジアで資源の管理や利用をめぐる研究に従事。国立民族学博物館を経て、現在、総合地球環境学研究所教授。理学博士。 主な著書に『なわばりの文化史』（小学館）、編著『自然はだれのものか』、『野生生物と地域社会』（昭和堂）など。

川那部　浩哉（かわなべ　ひろや）

専門は生態学、生物・文化多様性論。丹後半島の宇川を中心に、またアフリカのタンガニイカ湖などで魚の生態を見てきた。京都大学名誉教授。理学博士。近年の主な著書に『古代湖』（ケノビ出版、アカデミック出版）、『魚々食紀』（平凡社）など。

小早川　みどり（こばやかわ　みどり）

専門は系統分類学。琵琶湖特産のナマズの起源を知りたくてナマズの世界へ。ユーラシア大陸のナマズを形態学的に調査してきた。西南学院大学など非常勤講師。理学博士。主な著書に『琵琶湖の自然史』（共著、八坂書房）、『世界のナマズ』（共著、マリン企画）など。

宮本　真二（みやもと　しんじ）

専門は自然地理学。これまで花粉化石の組成変化からみた古環境変遷や遺跡の立地について研究してきた。琵琶湖博物館学芸員。主な著書に『古水文と環境変動』（共著、Wiley出版）、『ヒマラヤの環境誌』（共著、八坂書房）など。

友田淑郎（ともだ　よしお）

専門は魚類形態学・生態学。琵琶湖特有の魚類相にひかれて、その研究を続けてきた。現在、北びわ湖研究室を主宰。理学博士。主な著書に『琵琶湖とナマズ』（汐文社）、『琵琶湖のいまとむかし』（青木書店）など。（顔写真は昭和30年代のもの）

鯰《なまず》 —魚と文化の多様性—
淡海《おうみ》文庫26

2003年 3 月20日　初版 1 刷発行
2008年 4 月25日　初版 2 刷発行

企　画／淡海《おうみ》文化を育てる会
編　者／滋賀県立琵琶湖博物館
発行者／岩　根　順　子
発行所／サンライズ出版
滋賀県彦根市鳥居本町655-1
☎0749-22-0627　〒522-0004
印　刷／サンライズ出版株式会社

ISBN978-4-88325-136-0

淡海《おうみ》文庫について

「近江」とは大和の都に近い大きな淡水の海という意味の「近（ちかつ）淡海」から転化したもので、その名称は「古事記」にみられます。今、私たちの住むこの土地の文化を語るとき、「近江」でなく、「淡海」の文化を考えようとする機運があります。

これは、まさに滋賀の熱きメッセージを自分の言葉で語りかけようとするものであると思います。

豊かな自然の中での生活、先人たちが築いてきた質の高い伝統や文化を、今の時代に生きるわたしたちの言葉で語り、新しい価値を生み出し、次の世代へ引き継いでいくことを目指し、感動を形に、そして、さらに新たな感動を創りだしていくことを目的として「淡海文庫」の刊行を企画しました。

自然の恵みに感謝し、築き上げられてきた歴史や伝統文化をみつめつつ、今日の湖国を考え、新しい明日の文化を創るための展開が生まれることを願って一冊一冊を丹念に編んでいきたいと思います。

一九九四年四月一日